国家自然科学基金国际重点合作交流项目(22120102001)资助
中央高校基本科研业务费专项资金(2021QN1047)资助

多反馈化学反应介质中 pH 时空动力学

袁 玲 著

中国矿业大学出版社
·徐州·

图书在版编目(CIP)数据

多反馈化学反应介质中 pH 时空动力学 / 袁玲著. ——
徐州：中国矿业大学出版社，2022.2
　ISBN 978－7－5646－5312－5

　Ⅰ.①多… Ⅱ.①袁… Ⅲ.①化学反应－化学动力学
－化学振荡－研究 Ⅳ.①O643.1

中国版本图书馆 CIP 数据核字(2022)第 032992 号

书　　名	多反馈化学反应介质中 pH 时空动力学
著　　者	袁　玲
责任编辑	褚建萍
出版发行	中国矿业大学出版社有限责任公司
	（江苏省徐州市解放南路　邮编 221008）
营销热线	(0516)83884103　83885105
出版服务	(0516)83995789　83884920
网　　址	http://www.cumtp.com　E-mail：cumtpvip@cumtp.com
印　　刷	江苏凤凰数码印务有限公司
开　　本	787 mm×1092 mm　1/16　印张 8　字数 160 千字
版次印次	2022 年 2 月第 1 版　2022 年 2 月第 1 次印刷
定　　价	36.00 元

（图书出现印装质量问题，本社负责调换）

前　言

具有质子正负反馈的非线性化学反应系统在远离热力学平衡态的情况下会产生 pH 调制振荡。通过耦合各种输运过程,如扩散、对流、传质传热和电磁场中的离子迁移等,能形成丰富多样的时空有序自组织斑图。在多反馈的化学反应介质中由于反馈之间相互耦合可以产生更为丰富多样的时空动力学行为。本书以过氧化氢-亚硫酸盐自催化反应为载体,从实验现象分析、机理解释和数值模拟等方面探索了它与不同负反馈剂,如硫脲、硫代硫酸盐或亚铁氰化钾,构成的 pH 振荡体系在时间和空间上的动力学行为。

在过氧化氢-亚硫酸盐反应体系中,可作为质子负反馈剂的是硫代硫酸盐、亚铁氰化钾和碳酸氢钠。本书首次采用硫脲作为质子负反馈剂来设计新的多反馈 pH 振荡器。实验过程中分别使用封闭反应器和连续流动反应器(CSTR)对过氧化氢-亚硫酸盐硫脲反应体系的非线性动力学进行了系统的研究。该体系在封闭体系中表现为单峰振荡行为,在 CSTR 中能呈现大振幅的 pH 振荡行为,但这种持续振荡行为只存在于狭窄的浓度和温度区间内。为了构建该体系的动力学模型,实验过程中采用高效液相色谱(HPLC)和质谱(MS)来追踪和检测子反应(过氧化氢氧化硫脲反应)过程中生成的中间产物。实验结果表明,在硫脲氧化过程中主要会形成一氧化硫脲(TuO)、连硫脲(Tu_2^{2+})、二氧化硫脲(TuO_2)和三氧化硫脲(TuO_3)。其中 TuO 为连接正反馈和负反馈的关键成分,它与硫脲反应起到质子负反馈的作用,其氧化物发生水解产生 HSO_3^-,又给体系带来新的正反馈。以上实验基础上提出了一个包含 10 步反应的动力学模型,该模型能够很好地解释封闭体系和 CSTR 中的一系列动力学行为。

过氧化氢-亚硫酸盐-硫代硫酸盐反应体系是典型的 pH 振荡反应体系,通过对其动力学机理进行系统的分析和数值计算,发现该体系为多反馈体系,存在两个振荡环,振荡环相互耦合使体系产生复杂的混合模式分岔行为,而这一现象至今未在实验中得到证实。因此在实验过程中,采用流速作为控制参数来研究体系的分岔行为,发现体系在极其狭窄的流速范围内表现出混合模式振荡行为。过氧化氢-亚硫酸盐-亚铁氰化钾体系中存在两个质子正反馈,因此在反应扩散体系中该体系能表现 pH 前沿波,前沿波的传播速率与聚丙烯酸钠浓度成反比。

在光敏性反应系统中,光照可以作为控制参数来调节体系的动力学行为。过氧化氢-亚硫酸盐-亚铁氰化钾振荡反应具有光敏性,过氧化氢氧化亚铁氰化钾反应为该体系的负反馈过程，在 CSTR 中这个子反应体系同样能够产生大振幅的振荡，且此反应体系同样具有光敏性，光照使得体系发生 OH· 自催化反应，给体系带来一个新的质子负反馈反应，从而改变体系的动力学行为。过氧化氢-亚硫酸盐-亚铁氰化钾反应体系中，由于亚硫酸盐的存在，体系的正反馈作用增强，振荡反应的周期也随着亚硫酸盐浓度的增加逐渐增加。另外，由于 OH· 自催化反应的参与，光照能改变体系的霍普夫（Hopf）分岔形式，无光照时体系发生超临界 Hopf 分岔，产生振荡，在光照存在的条件下，体系发生亚临界 Hopf 分岔。在反应扩散系统中，过氧化氢-亚硫酸盐-亚铁氰化钾反应体系能表现十分丰富的时空动力学行为，如内传和外传 pH 脉冲波、pH 斑点及条纹斑图等。另外，当体系的内部动力学改变时，凝胶中的局部动力学状态可以继续保持数小时，这说明 pH 空间的有序结构具有记忆功能。本书还研究了过氧化氢-亚硫酸盐-亚铁氰化钾反应体系在均相系统和反应扩散系统中低 pH 值稳态的紫外光响应性。在均相反应体系中，光照足够长时体系出现二次激发，而在反应扩散系统中，在紫外光的扰动下，体系会出现暂态多脉冲，且脉冲的个数不仅取决于光照时间，还与初始的硫酸浓度有密切关系。另外，本书提出一个简化的 7 步反应机理模型模拟了光照对该反应的影响，数据模拟结果与实验现象基本一致。

  本书在编写过程中借鉴了同类专著和文献的优点，广泛参阅了国内外有关资料和文献，在此向参阅资料和文献的作者致以谢意！

  由于笔者水平有限，书中欠妥之处在所难免，希望各位读者和同仁能够及时批评指正，共同促进本书质量的提高。最后再次希望本书能为从事相关领域研究的学者及其他科研工作者提供学习或工作上的帮助！

著 者

2022 年 1 月

目 录

1 绪论 ·· 1
   1.1 引言 ··· 1
   1.2 研究背景和研究意义 ·· 1
   1.3 研究内容和目标 ·· 3
   1.4 研究方法 ·· 4

2 硫化学反应体系中的振荡与斑图 ··· 5
   2.1 含硫振荡器 ·· 7
   2.2 硫化学反应体系斑图的研究进展 ······································· 17
   2.3 pH振荡器与生物分子和软物质的耦合 ······························· 25
   2.4 硫化学反应体系动力学研究的新方向与研究启发 ················· 27

3 实验部分 ··· 28
   3.1 实验试剂 ·· 28
   3.2 实验仪器 ·· 29
   3.3 实验方法 ·· 30

4 过氧化氢-亚硫酸盐-硫脲反应体系非线性动力学 ························· 34
   4.1 封闭体系和开放体系实验结果 ·· 36
   4.2 过氧化氢-硫脲反应体系的成分测定 ·································· 45
   4.3 过氧化氢-亚硫酸盐-硫脲反应体系机理模型和模拟结果 ········ 49
   4.4 小结 ·· 53

5 过氧化氢-亚硫酸盐-硫代硫酸盐反应体系非线性时空动力学 ········· 55
   5.1 过氧化氢-亚硫酸盐-硫代硫酸盐反应体系均相动力学
       机理分析和混合模式分岔 ·· 56
   5.2 过氧化氢-亚硫酸盐-硫代硫酸盐反应体系的反应扩散
       动力学行为 ··· 61
   5.3 小结 ·· 65

6　过氧化氢-亚硫酸盐-亚铁氰化钾反应体系非线性时空动力学 …………… 66
　　6.1　过氧化氢-亚铁氰化钾反应体系均相动力学 …………………… 67
　　6.2　过氧化氢-亚硫酸盐-亚铁氰化钾反应体系均相动力学 ………… 69
　　6.3　过氧化氢-亚硫酸盐-亚铁氰化钾反应体系反应-扩散动力学……… 76
　　6.4　过氧化氢-亚硫酸盐-亚铁氰化钾反应体系光扰响应动力学 …… 85
　　6.5　过氧化氢-亚硫酸盐-亚铁氰化钾反应体系机理模型 …………… 91
　　6.6　小结 ……………………………………………………………… 96

7　结论与展望 ………………………………………………………………… 98
　　7.1　结论 ……………………………………………………………… 98
　　7.2　创新 ……………………………………………………………… 100
　　7.3　展望 ……………………………………………………………… 101

参考文献 ………………………………………………………………… 102

1 绪 论

1.1 引言

非线性化学动力学作为物理化学中一个新的分支是随着非线性科学的发展而逐步形成的。非线性化学动力学是以研究非线性化学体系中反应动力学行为以及这些行为是如何依赖于系统中某些关键参数的变化而呈非线性方式变化为研究目标的学科。其中，系统参数主要包括化学反应体系中物质的浓度、演化时间等。在过去的30多年里非线性化学动力学在研究范围和研究深度方面均取得了很大的进展，它的研究应用领域涉及数学、物理、生物、工程等科学领域以及所有化学分支。非线性化学反应体系无论是在时间序列还是空间上都表现出丰富的、神奇的自组织现象，如多重定态[1]、化学振荡[2]、化学混沌[3]、化学时空斑图[4]等，这种奇特的现象充满了神秘感，也激起了人们对非线性化学动力学研究的兴趣，并促使很多科学家不遗余力地从事非线性化学动力学的研究工作。另外，以上现象在自然界中也广泛存在，如动物体表的斑纹、心脏的周期性律动等。

传统的非线性化学动力学主要研究简单的正负反馈体系的振荡和斑图动力学行为，而更为复杂的多反馈体系的时空动力学行为研究较少。这是因为多反馈体系中各个反馈耦合，使体系的动力学行为更为复杂，难以控制。所以，多反馈反应体系的设计和系统研究是一个具有挑战性的研究课题。本章重点阐述研究背景和意义以及研究方法。

1.2 研究背景和研究意义

化学振荡是典型的时间序列非线性动力学现象，人们早期研究非线性化学是从化学振荡开始的。Belousov-Zhabotinsky(简称BZ)反应体系[5]是典型的非线性化学反应系统，在非线性化学动力学研究中起着重要作用，非线性化学动力学中许多重要结论都是基于BZ反应的研究提出来的。深入研究BZ反应体系之外的其他化学体系可以验证这些结论，且有助于寻找非线性动力学的机理与非线性动力学行为之间的因果关系，从此人们开始有目的地研究化学振荡行为。

1980年，法国科学家Boissonade和De Kepper[6]提出设计化学振荡反应的方法,随后科学家们运用该方法设计了各种含卤素振荡器和含硫化学振荡器。在这些振荡反应中硫元素价态十分丰富,这些硫化合物的氧化机理也十分复杂。研究表明硫化合价从-2价到+6价变化过程并不是一个单调上升的过程,而是快慢结合的变化过程,这使得不同氧化剂与不同价态硫氧化合物构成的反应体系能够呈现多稳态[7]、振荡、混沌[8]、时空图案[9-10]、多节律[1]和温度补偿[11]等复杂动力学现象,因此硫化学振荡体系是研究复杂非线性化学动力学现象的一个重要载体。另外,硫化学振荡体系中硫化合物在氧化还原反应中都会涉及质子的变化,即体系的pH值会呈现有节律的振荡行为。反应介质中pH值的周期性变化使得体系中生理或者技术参数发生变化,因此pH振荡动力学在生物系统和生理系统中发挥了非常重要的作用。通常这些系统中主要含有大量可调节的生物化学组分,使得研究其复杂动力学机理相对比较容易。科学家利用pH振荡体系的特殊性将pH振荡器与pH响应性凝胶或者与具有pH活性的酶[12-14]和DNA[15]有效结合在一起进行研究,利用系统中pH值周期性变化来控制药物输送[16]、DNA构型转化和解释肌肉的收缩现象[17]。这些应用都是在简单正负反馈pH振荡介质中完成的,而在生物和生理系统中,往往存在多个反馈环的耦合,为了更好地解释生物和生理系统复杂的时间序列现象,迫切需要具有多反馈pH振荡器。

  自然界中各种绚丽多彩的斑图可以说是大自然给予人类最美丽的馈赠。而在欣赏这些鬼斧神工般的时空结构的同时,人类本能的求知欲也刺激着研究者去探究这些时空斑图的产生机理和规律。藏在这些神奇斑图背后的是自然系统内所包含的各种正负反馈机制,正是这些反馈机制之间的相互耦合作用,构成了包括化学反应过程在内的诸多系统的非线性本质。同时,无论是在化学反应中还是生物体等其他系统中都存在着物质或能量的输运过程,这两者之间的耦合可以产生系统内时空有序结构。1952年,英国科学家Turing[18]提出了动植物中各种形态分化的数学模型。模型中指出生物体内存在两种自活化和自阻尼的成形素,如果自阻尼的扩散系数远远大于促进成形素的扩散系数时,系统在受到一个微小的扰动时会发生对称性破缺从而产生稳定的静态的斑图,后人把这种斑图命名为Turing(图灵)斑图。生物体系是一个复杂的非线性化学系统,其内部存在着各种非线性的化学反应,这些子体系间相互耦合给科学工作者的研究带来了一定的困难。而相比于生物体系,简单的三组分或者二组分反应体系构成的非线性化学系统相对简单,且能表现丰富的动力学行为,因此在化学反应体系中研究时空斑图比较简单易行。20世纪90年代初期,法国De Kepper研究小组首次在实验中发现亚氯酸盐-碘离子-丙二酸(简称CIMA)反应体系的定态浓度斑图,证实了图灵的预言[19],随后科学家开始在化学反应体系中研究时空斑图动力学。随后 Lee 等[9]成功地在硫化合物参与的 pH 振荡体系中发现了静态的 pH 斑图,这一发现既丰富了硫化学反应体系的非线性动力学现象,同时又推动了斑图动力学的发展。

对于多反馈反应体系时空动力学的研究目的除了深入地探究自然界的奥秘以外,还有助于了解与控制各种常见的时空系统的动力学行为。比如在生物系统中,时空斑图或有序结构的产生会影响新陈代谢的调控甚至生物信号的传导,如心腔内如果出现螺旋波破缺引起时空混沌的现象,就会引起心室纤维性颤动而危及生命,如何控制并抑制心室内的时空结构和混沌在心脏病的防治中有着重要的意义。而在化学斑图系统中,这种时空结构会打破化学反应中各种反应物的浓度在空间上统一,影响化学反应速率,对反应系统中时空斑图的产生与控制的研究、对化学反应的进程和化学工程的效率控制有非常重要的意义。

1.3 研究内容和目标

pH 振荡介质中必须包含一个质子正反馈过程和一个质子负反馈过程才能产生持续稳定的 pH 振荡和 pH 时空斑图。为了构建具有多个正负反馈 pH 振荡介质,我们以过氧化氢-亚硫酸盐质子自催化反应为载体,加入不同负反馈反应来研究其时空动力学行为。首先,选用硫脲作为一个新的质子负反馈剂,构建具有两个质子自催化反应和一个负反馈反应的多反馈反应体系,并采用仪器分析手段检索该体系的关键成分,构建振荡机理以便对反应体系的反馈过程进行分析。其次,分析具有两个振荡环的耦合体系,即过氧化氢-亚硫酸盐-硫代硫酸盐反应体系中的反馈过程,并探索其复杂动力学行为。最后,在光敏性的过氧化氢-亚硫酸盐-亚铁氰化钾反应体系中采用光照作为控制参数调控体系的动力学行为。另外通过实验现象和理论模拟的有效结合,更深入地研究多反馈化学反应体系的动力学机理,为今后进一步的研究提供理论依据。

本书的研究目标是在过氧化氢-亚硫酸盐自催化反应体系为载体的多反馈 pH 振荡介质中探索其复杂动力学行为形成的规律。建立普适性实验手段和分析方法以便能在更多类似多反馈体系中探索时空动力学行为。另外,根据过氧化氢-亚铁氰化钾反应体系的光敏性特性构建光敏性 pH 反应体系,通过研究辐照度和反应体系动力学关系,找出体系光控多反馈的动力学根源,总结各种实验参数对体系时空动力学行为的影响规律。

1.4　研究方法

本书涉及化学、生物学、数学、物理学等领域,研究方法主要是实验、理论分析和数值模拟相结合。实验过程中采用封闭反应器、连续流动搅拌反应器(CSTR)和单边进料反应扩散反应体系(OSFR)分别考察以过氧化氢-亚硫酸自催化反应为基础的多反馈 pH 振荡体系的动力学行为。实验过程中首先通过理论分析非线性体系的动力学正负反馈过程,结合相关文献了解反应体系的动力学特征,根据具体的特征有针对性地研究体系的复杂时空自组织现象。

实验过程中通过各种检测手段如高效液相色谱法和质谱来检测子反应中间产物的动力学变化情况,从而确定反应的动力学方程。在动力学方程的基础上建立反应模型,利用 Berkeley Madonna 程序[Rosen Rock(Stiff)、Runge-Kutta4]来模拟体系的动力学行为,通过实验和理论值之间相互比对来定性地检验理论的合理性。

2 硫化学反应体系中的振荡与斑图

非线性化学动力学的研究起源于化学振荡器,所谓化学振荡器即反应过程中一种或者几种成分的浓度随时间周期性变化的体系。1921 年,Bray[2] 在研究碘酸盐催化分解过氧化氢反应中发现了均相化学振荡现象。1959 年,苏联生物学家 Belousov[5] 在研究铈离子催化下溴酸盐氧化柠檬酸的反应时也发现了类似的现象。但是当时科学家普遍认为它同 Bray 反应一样违背了热力学第二定律,从而被苏联化学界否认。1960 年,Zhabotinsky 通过系统地实验研究对 Belousov 的工作进行了扩展,证明了化学振荡现象的存在,这就是非线性化学动力学领域著名的 BZ 反应。20 世纪 70 年代,Prigogine 用非平衡态热力学观点从理论上论证了化学振荡和化学波存在的可能性,指出这种现象是系统在远离平衡态条件下产生的一种稳定的时空结构,并命名为耗散结构[20]。随着耗散结构理论的建立以及连续流动搅拌反应器(CSTR)等实验手段的应用,迄今为止人们已经发现了二百多种不同的化学振荡系统。20 世纪 80 年代之前,人们对振荡反应以及其他复杂非线性动力学现象研究仅仅局限在 BZ 反应及其相关的以溴酸盐为底物的体系中[21]。80 年代以后,硫化合物氧化动力学受到人们的广泛关注和重视,硫化合物氧化过程能产生十分复杂动力学现象,如双稳态[22]、倍周期振荡[23]、混合模式振荡[24]、化学混沌[25]和各种时空图案[9]等,如图 2-1 所示。到目前为止报道的各种含硫化合物振荡器已有数十种,其数如此之多的关键在于硫化合物的氧化反应机理十分复杂,硫元素从 -2 价到 $+6$ 价的价态变化过程是快慢结合的复杂非线性过程,而不是简单地从 -2 价到 0 价、0 价到 $+6$ 价的价态单调升高的过程[26]。

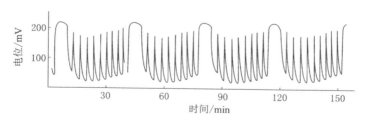

图 2-1 CSTR 中 $ClO_2^- $-$S_2O_3^{2-}$ 反应体系的化学混沌现象[24]

反应扩散体系中的化学时空动力学行为的研究是非线性化学动力学的另一

个重要领域[27]。在众多的反应扩散体系中,BZ反应体系[27]和亚氯酸-碘化物-丙二酸(CIMA)体系[28]是研究时空动力学行为最为理想的体系,在这两个体系中存在丰富的时空动力学行为,如图2-2(a)和(b)所示,如各种靶波、螺旋波、化学时空混沌和Turing斑图等。另外对于这两个体系中的反应扩散斑图的形成机理也研究得十分透彻。1993年,Lee等[9]在碘酸盐-亚硫酸盐-六氰合亚铁化合物(FIS)反应体系中发现了不同于以上两个体系的静态时空斑图,如图2-2(c)所示。FIS体系为典型的硫化学振荡器,该振荡体系的正反馈为碘酸盐氧化S(Ⅳ)化合物质子自催化反应,体系的pH值周期性振荡,这类振荡体系产生的时空斑图区别于BZ反应体系和CIMA体系中形成的化学波,因此对于硫化合物参与的pH振荡体系中化学斑图的研究成为非线性时空动力学研究的一个新课题。本著作在大量文献的基础上综述了各种硫化学振荡器以及有关硫化合物参与的反应扩散斑图的研究进展,并介绍了其相关应用与该研究领域存在的问题。

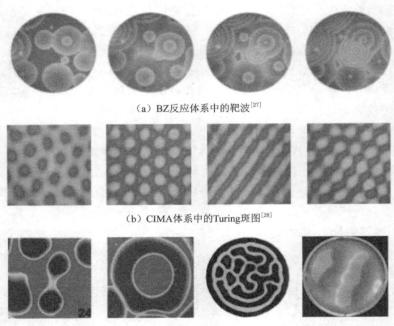

(a) BZ反应体系中的靶波[27]

(b) CIMA体系中的Turing斑图[28]

(c) 硫化学反应(FIS)体系中自复制斑图[29]、环状斑图[29]、迷宫斑图[30]和脉冲波[31-32]

图2-2 开放反应器中化学时空斑图

2.1 含硫振荡器

硫为自然界中常见元素之一,它在自然界中主要以-2、0、+2、+3、+4和+6多种价态形式存在,它能与多种元素形成稳定的化合物。按照硫化学振荡器组分数可以将这类振荡器分为两组分体系振荡器和三组分体系振荡器。

2.1.1 两组分含硫振荡器

两组分硫化学振荡器主要由$S(-II)$、$S(III)$和$S(IV)$化合物与不同氧化剂构成。表 2-1 中归纳了到目前为止所报道的有关硫化合物参与的两组分振荡器。由表 2-1 可以看出,$S(-II)$化合物主要为S^{2-}、$S_2O_3^{2-}$、SCN^-和$SC(NH_2)_2$,这些化合物被H_2O_2[33-39]、ClO_2^-[8,22,40-44]、BrO_3^-[45-47]、$S_2O_8^{2-}$[48-49]、MnO_4^-[50]、IO_4^-[51]等氧化剂氧化,在 CSTR 及 Semi-batch(半封闭反应器)中能表现丰富的非线性动力学现象,如双节律、双稳态、倍周期振荡、混合模式振荡和确定性混沌。在这些两组分的含硫振荡器中,现象比较丰富的是$ClO_2^- - S_2O_3^{2-}$[24]、$ClO_2^- - SCN^-$[25]、$ClO_2^- - SC(NH_2)_2$[43-44]和$Cu(II)$催化$H_2O_2-S_2O_3^{2-}$[52-53]反应体系,在 CSTR 中采用流速和反应温度等作为控制参数,体系会出现倍周期分岔和混合模式分岔行为。

表 2-1 两组分硫化合物振荡体系

价态	化合物	反应体系	CSTR 中特征动力学
$S(-II)$	S^{2-}	$H_2O_2-S^{2-}$	pH 振荡,双稳态
		$BrO_3^- - S^{2-}$	电位振荡
		$ClO_2^- - S^{2-}$	pH 振荡,双稳态
		$S_2O_8^{2-} - S^{2-}$	电位振荡,双稳态
	$S_2O_3^{2-}$	$ClO_2^- - S_2O_3^{2-}$	电位复杂振荡
		$H_2O_2-S_2O_3^{2-}$	微量铜离子存在,表现双稳态,复杂 pH 振荡
		$S_2O_8^{2-} - S_2O_3^{2-}$	微量铜离子存在,表现电位振荡,双稳态
		$IO_4^- - S_2O_3^{2-}$	pH 振荡
		$KMnO_4-S_2O_3^{2-}$	电位振荡
	$SC(NH_2)_2$	$ClO_2^- - SC(NH_2)_2$	电位复杂振荡
		$BrO_3^- - SC(NH_2)_2$	不规则的电位振荡
	SCN^-	$H_2O_2-SCN^-$	微量铜离子存在,表现电位振荡
		$ClO_2^- - SCN^-$	电位复杂振荡

表 2-1(续)

价态	化合物	反应体系	CSTR 中特征动力学
S(Ⅲ)	$S_2O_4^{2-}$	H_2O_2-$S_2O_4^{2-}$	pH 振荡
S(Ⅳ)	SO_3^{2-}	BrO_3^--SO_3^{2-}	pH 振荡
		ClO_2^--SO_3^{2-}	pH 振荡

硫代硫酸钠($S_2O_3^{2-}$)是实验室中常见的一种化学试剂,其中两个硫元素价态分别为-2 价和+6 价,平均化合价为+2 价,可发生歧化反应。它能与多种氧化剂发生反应,使反应呈现丰富多彩的动力学现象。在弱酸性缓冲介质中,ClO_2^--$S_2O_3^{2-}$ 反应体系能表现双稳态[22]、混合模式振荡[24]、准周期振荡以及混沌[8]等。ClO_2^- 氧化 $S_2O_3^{2-}$ 反应过程中产生的中间物主要为 $HClO$、ClO_2 和 $S_4O_6^{2-}$。这些中间物不仅能与反应物反应,同时也能相互反应,因此该体系的反应机理十分复杂。近二十年来 Nagypál 等采用断流和分光光度计技术详细研究了相关子反应体系如 $HClO$-ClO_2^-[54-55]、$HClO$-$S_2O_3^{2-}$[56]、$HClO$-$S_4O_6^{2-}$[57-58]、ClO_2-$S_2O_3^{2-}$[59]、ClO_2-$S_4O_6^{2-}$[60]、ClO_2^--$S_4O_6^{2-}$[61-63]、ClO_2-SO_3^{2-}[64]、ClO_2-$S_3O_6^{2-}$[65]以及其中间产物 $S_4O_6^{2-}$[66],并提出了相关的反应机理。虽然对这些子体系的研究都已经很透彻,但是仍然不能获得模拟 ClO_2^--$S_2O_3^{2-}$ 反应过程中的动力学现象的详细机理。最近,Xu 等[67]采用反向离子色谱高效液相色谱技术同步追踪 $S_2O_3^{2-}$ 在氧化过程中的各种含硫化合物中间产物,发现 $S_2O_3^{2-}$ 氧化过程中会产生多种连多硫酸根 $S_nO_6^{2-}$,这些 $S_nO_6^{2-}$ 会继续被氧化剂氧化并且在水溶液中发生水解反应[68-69],H_2O_2 氧化 $S_2O_3^{2-}$ 反应过程同样会产生 $S_nO_6^{2-}$,并且这些 $S_nO_6^{2-}$ 的种类依赖于体系的 pH 值[70],同时这些 $S_nO_6^{2-}$ 的进一步氧化也需要进一步研究。

硫脲[$SC(NH_2)_2$,Thiourea,简称 Tu]是一种具有广泛用途的化学试剂,其氧化反应动力学研究一直受到重视。$SC(NH_2)_2$ 被 ClO_2^-[42,44]和 BrO_3^-[47]氧化在 CSTR 中可以产生复杂的非线性动力学现象。另外 ClO_2^--$SC(NH_2)_2$ 反应在非缓冲介质中存在 pH 振荡行为[43]。通过逐步增加流速发现体系在低流速条件先由简单振荡向倍周期转化,高流速条件下体系由倍周期向混合模式转变,图 2-3 为 ClO_2^--$SC(NH_2)_2$ 反应体系中通过改变流速来实现体系从倍周期分岔到混合模式分岔的现象。

$SC(NH_2)_2$ 中硫原子从-2 价到+6 价过程会发生多步反应,其氧化的中间产物主要为 $CO(NH_2)_2$(尿素)、Tu_2(二硫化甲脒)、TuO(一氧化硫脲)、TuO_2(二氧化硫脲)、TuO_3(三氧化硫脲)等,这些中间产物在反应过程中会被过量的氧化剂进一步氧化,并且在水溶液中会发生水解反应,这使得反应体系的动力学

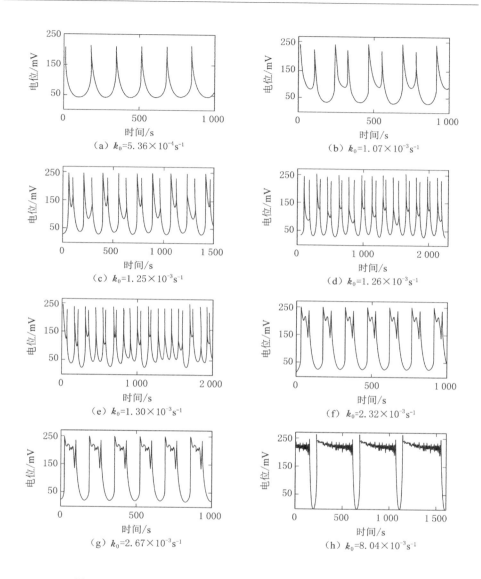

图 2-3 ClO_2^--$SC(NH_2)_2$ 反应体系流速引起的复杂分岔行为[43]

机理十分复杂。同样,对于 $SC(NH_2)_2$ 参与的两组分化学振荡器的细节反应机理还需要进一步的实验工作和提炼。

连二亚硫酸盐($S_2O_4^{2-}$)中硫为+3价,具有较强的还原性,多用于染色和漂白工艺上。由于 $S_2O_4^{2-}$ 极容易被空气氧化,在水溶液中会迅速分解为稳定的硫化合物（HSO_3^- 和 $S_2O_3^{2-}$），因此对于 S(Ⅲ)参与的两组分振荡器研究较少。Kovács 等[39]通过在 $S_2O_4^{2-}$ 水溶液中加入 NaOH 降低其分解速率，解决这个问题后，成功地设计了 H_2O_2-$S_2O_4^{2-}$ 两组分振荡器，该体系在 CSTR 中可以表现大振幅的 pH 振荡行为，其振荡的 pH 范围在 3.5～10 之间，振幅能达到 6 个 pH 值。

S(Ⅳ)两组分振荡器主要由卤氧化合物（ClO_2^- 和 BrO_3^-）氧化 SO_3^{2-} 构成。2001 年，Frerichs 等[71]发现 ClO_2^--SO_3^{2-} 反应体系在极其狭窄的条件下存在大振幅的 pH 振荡行为，这个反应体系也是第一个以 ClO_2^- 为底物的 pH 振荡体系。在该体系中正反馈的主要来源是 ClO_2^- 氧化 HSO_3^-，其中 HOCl 和 SO_3^{2-} 之间的快速 Cl^- 转移作为负反馈反应。随后，Szántó 等[46]提出 BrO_3^- 氧化 SO_3^{2-} 反应在 CSTR 中同样能产生大振幅的 pH 振荡行为，认为 BrO_3^- 氧化 SO_3^{2-} 的过程中存在单电子转移和双电子转移两个过程，其中单电子转移过程生成 S(Ⅴ)氧化物（$S_2O_6^{2-}$）消耗质子，作为负反馈；同时质子自催化反应发生双电子转移过程产生质子作为正反馈。

简单的含硫两组分体系能表现十分丰富的非线动力学现象，这些丰富的非线性动力学现象都与含硫化合物非线性的氧化过程息息相关。但是迄今为止，仍然没有系统的动力学机理模型解释这些简单两组分体系中的一系列的复杂非线性动力学现象。其主要原因在于这两个反应体系氧化剂和硫化物都是多价态组分。对这些反应过程中反馈中间物的识别和追踪是近几年来硫化学非线性动力学研究的难点之一。

2.1.2 三组分含硫振荡体系

硫化合物参与的三组分振荡器大多数为 pH 振荡器，其特点就是在 CSTR 中不仅体系的电极电位呈现周期性的振荡行为，同时体系的 pH 值也呈现周期性的变化。自 1985 年 Orbán 等[33]首次发现 H_2O_2-S^{2-} 在 CSTR 中存在 pH 振荡行为后，科学家开始在监测体系的电极电位的同时也开始记录体系 pH 值的变化。Rábai[72]给出了 pH 振荡体系的一般模型。这个模型包含(R2-1)～(R2-3) 3 步反应：

$$A + H^+ \rightleftharpoons AH \qquad (R2\text{-}1)$$

$$AH + B \longrightarrow H^+ + P \qquad (R2\text{-}2)$$

$$H^+ + C \longrightarrow Q \qquad (R2\text{-}3)$$

$$SO_3^{2-} + H^+ \rightleftharpoons HSO_3^- \qquad (R2\text{-}4)$$

$$3HSO_3^- + IO_3^- \longrightarrow 3H^+ + I^- + 3SO_4^{2-} \qquad (R2\text{-}5)$$

$$3HSO_3^- + BrO_3^- \longrightarrow 3H^+ + Br^- + 3SO_4^{2-} \qquad (R2\text{-}6)$$

$$HSO_3^- + H_2O_2 \longrightarrow H^+ + H_2O + SO_4^{2-} \qquad (R2\text{-}7)$$

这 3 步反应分别为快速质子平衡反应(R2-1)、质子自催化反应(R2-2)以及质子消耗反应(R2-3),A 为 SO_3^{2-},B 为氧化剂,C 为负反馈剂。在这个模型中,质子自催化反应是 pH 振荡发生的关键。S(Ⅳ)氧化物即 SO_3^{2-} 通常作为物质 A 振荡发生的关键物质,其在酸性条件下发生快速质子平衡反应(R2-4),自催化反应(R2-2)通常是 HSO_3^- 被 IO_3^-、BrO_3^- 和 H_2O_2 氧化为 SO_4^{2-} 的过程,即反应(R2-5)、(R2-6)和(R2-7)。这类质子自催化反应,在封闭体系中是典型的时钟反应;在开放体系中,质子自催化反应作为振荡过程的正反馈,在这类 S(Ⅳ)参与的自催化反应体系中加入合适的还原剂,消耗质子即负反馈机制才能使振荡行为发生。到目前为止,可以作为负反馈剂的物质主要分为两大类:一类为 S(-Ⅱ)化合物[Na_2S、$Na_2S_2O_3$ 和 $SC(NH_2)_2$],即氧化剂-S(Ⅳ)-S(-Ⅱ)反应体系;另外一类为其他不含硫化合物[$Fe(CN)_6^{4-}$、Mn^{2+}/MnO_4^- 和 $NaHCO_3/CaCO_3$],具体反应体系和动力学特征见表 2-2。

表 2-2 三组分硫化合物振荡体系

种 类	化合物	反应体系
氧化剂-S(Ⅳ)-S(-Ⅱ)	IO_3^--$S_2O_3^{2-}$-SO_3^{2-}	双稳态和 pH 振荡
	IO_3^--$CS(NH_2)_2$-SO_3^{2-}	双稳态和复杂 pH 振荡
	H_2O_2-$S_2O_3^{2-}$-SO_3^{2-}	双稳态和复杂 pH 振荡
	O_2-Na_2S-Na_2SO_3	双稳态和电位振荡
氧化剂-S(Ⅳ)-其他还原剂	IO_3^--$Fe(CN)_6^{4-}$-SO_3^{2-}	双稳态和 pH 振荡
	BrO_3^--$Fe(CN)_6^{4-}$-SO_3^{2-}	双稳态和 pH 振荡
	BrO_3^--SO_3^{2-}-Mable/HCO_3^-	三稳态和 pH 振荡
	BrO_3^--SO_3^{2-}-Mn^{2+}/MnO_4^-	pH 振荡
	H_2O_2-SO_3^{2-}-$Fe(CN)_6^{4-}$	pH 振荡
	H_2O_2-SO_3^{2-}-Mable/HCO_3^-	双稳态和复杂 pH 振荡
	H_2O_2-SO_3^{2-}-HCO_3^--$Fe(CN)_6^{4-}$	复杂 pH 振荡

第一类三组分硫化学振荡器为氧化剂-S(Ⅳ)-S(-Ⅱ)组成的振荡体系,这类振荡体系主要是由 S(-Ⅱ)化合物充当负反馈剂。由于 S(-Ⅱ)化合物中 S 从 -2 价被氧化到 +6 价的过程为一个复杂的非线性氧化过程,故这类振荡体系能表现十分复杂的振荡行为。

在酸性介质的 IO_3^--SO_3^{2-} 反应中,一段诱导期之后溶液中突然出现黄色或红棕色的碘单质,同时发生碘离子自催化和 pH 自催化反应,这就是著名的

Landolt 反应[73]，又称作为"碘钟反应"。Rábai 等[74-76]在该体系中加入 $S_2O_3^{2-}$ 和 $SC(NH_2)_2$ 作为负反馈剂成功地设计了两个 pH 振荡体系。2009 年，Liu 等[77]在实验过程中发现 $IO_3^- - S_2O_3^{2-} - SO_3^{2-}$ 体系中不仅 pH 值周期性变化，而且反应温度也呈现周期性变化。由于 S(−Ⅱ)化合物参与到负反馈反应中，其氧化动力学的复杂性使得体系能够表现复杂的分岔动力学。$IO_3^- - S_2O_3^{2-} - SC(NH_2)_2$[78]和 $H_2O_2 - S_2O_3^{2-} - SO_3^{2-}$[23,79]反应体系在 CSTR 中随着温度及流速的变化会发生混合模式分岔以及倍周期分岔，如图 2-4 和图 2-5 所示。

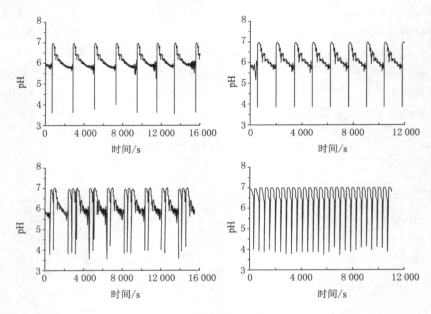

图 2-4 $IO_3^- - SC(NH_2)_2 - SO_3^{2-}$ 反应体系中的混合模式振荡[78]

另外，1984 年 Burger 等[80]发现了第一个不含金属离子及卤氧化物的化学振荡器，亚甲基蓝(MB^+)催化 O_2 氧化 Na_2S 和 Na_2SO_3 的反应体系在 CSTR 中的电极电位出现振荡行为，体系中没有观察到双稳态。Resch 等[81-82]提出了一个定性机理来解释 $MB^+ - O_2 - Na_2S$ 反应体系的实验现象，同时对无氧条件下 HS^- 还原 MB^+ 的反应机理也做了详细研究并进行了数值模拟[68]。

第二类三组分含硫振荡器主要有由 S(Ⅳ)参与的自催化反应与其他一些不含硫的还原剂作为负反馈剂组成，这类振荡器通常为 pH 振荡器。其负反馈过程主要包括非氧化还原反应和氧化还原反应。

对于非氧化还原反应的负反馈过程而言，主要是在自催化反应体系中加入

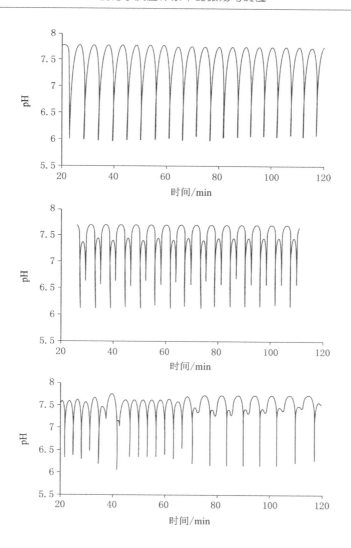

图 2-5 H_2O_2-$S_2O_3^{2-}$-SO_3^{2-} 反应体系中的倍周期振荡及混沌[6]

Mable(大理石片,即 $CaCO_3$)或者 HCO_3^-,通过反应(R2-8)、(R2-9)和(R2-10)来直接快速地消耗质子。

$$H^+ + CaCO_3 \longrightarrow Ca^{2+} + HCO_3^- \tag{R2-8}$$

$$H^+ + HCO_3^- \longrightarrow CO_2(aq) + H_2O \tag{R2-9}$$

$$CO_2(aq) \longrightarrow CO_2(gas) \tag{R2-10}$$

实验过程中大理石片预先置于 CSTR 或者 Semi-batch 中,通过改变固体大理石片的数量和大小可以控制振荡的区域[83-84]。运用这种非氧化还原反应直接消耗质子的方法,科学家成功地设计了 H_2O_2-SO_3^{2-}-Mable/HCO_3^- [83,85]和 BrO_3^--SO_3^{2-}-Mable/HCO_3^- [7,83]反应体系。

氧化还原反应同样可以作为负反馈过程来消耗质子,这类反应主要是通过加入一个还原剂,这类还原剂可以与反应体系的过量氧化剂或者 S(Ⅳ)发生反应来消耗自催化反应产生的质子。迄今为止,能够充当负反馈过程的化学反应主要有如下几步:

$$IO_3^- + 6Fe(CN)_6^{4-} + 6H^+ \longrightarrow I^- + 6Fe(CN)_6^{3-} + 3H_2O \qquad (R2\text{-}11)$$

$$BrO_3^- + 6Fe(CN)_6^{4-} + 6H^+ \longrightarrow Br^- + 6Fe(CN)_6^{3-} + 3H_2O \qquad (R2\text{-}12)$$

$$H_2O_2 + 2Fe(CN)_6^{4-} + 2H^+ \longrightarrow 2Fe(CN)_6^{3-} + 2H_2O \qquad (R2\text{-}13)$$

$$2MnO_4^- + 6HSO_3^- + 7H^+ \longrightarrow 2MnO(OH)^+ + 3HS_2O_6^- + 4H_2O \qquad (R2\text{-}14)$$

Edblom 等[86]将反应(R2-11)加入 Landolt 反应中,成功地设计了 IO_3^--SO_3^{2-}-Fe(CN)$_6^{4-}$ 反应体系,即 EOE 体系或者 FIS 体系。该体系在 CSTR 中[87-88]以及 Semi-batch[89]中均存在大振幅的 pH 振荡行为。Edblom 等[90]将 EOE 体系中的 IO_3^- 换成 BrO_3^-,即引入反应(R2-12)作为负反馈反应,发现该体系在 CSTR 中存在大振幅的 pH 振荡及双稳态,由于其中的负反馈反应[即 BrO_3^--Fe(CN)$_6^{4-}$-H$^+$]具有光敏性,体系表现出光响应性[91]。H_2O_2 氧化 Fe(CN)$_6^{4-}$ 反应同样也能有效地消耗质子(R2-13),1989 年 Rábai 等[92]成功地设计了 H_2O_2-SO_3^{2-}-Fe(CN)$_6^{4-}$ 这一 pH 振荡体系。同时,科学家发现 H_2O_2 氧化 Fe(CN)$_6^{4-}$ 反应体系在 CSTR 中同样存在大振幅的 pH 振荡行为[93],并且光照对于这个子反应体系的振荡具有促进或者抑制作用[94-95],因此 H_2O_2-SO_3^{2-}-Fe(CN)$_6^{4-}$ 反应体系同样具有光敏性[96]。利用 H_2O_2-SO_3^{2-}-Fe(CN)$_6^{4-}$ 的光敏性,Rábai 等[97]在 H_2O_2-SO_3^{2-} 自催化反应中同时加入非氧化还原反应(H$^+$-HCO_3^-)和氧化还原反应[H_2O_2-Fe(CN)$_6^{4-}$]两种负反馈,采用光照作为控制参数,发现在逐渐改变光照时,这个双负反馈反应体系会产生倍周期分岔行为。另外,Okazaki 等[98]提出,在 BrO_3^--SO_3^{2-} 体系中加入 Mn^{2+} 或者 MnO_4^- 作为负反馈剂,即引入反应(R2-14),氧化 S(Ⅴ),消耗质子,从而起到负反馈作用,使得体系产生大振幅的 pH 振荡行为。

2.1.3 振荡机理模型

为了解释以上一系列硫化学反应体系中的复杂非线性动力学现象,科学家们先后提出了多种不同的机理模型。

(1) ClO_2^- 振荡器一般模型

Rábai 等[99]对以亚氯酸盐为氧化剂的振荡器进行了综合分析,提出来一个包含6步反应的一般模型,见表2-3。表2-3中R为硫化合物还原剂,RO为其氧化形式。振荡产生的一个必要条件为自催化反应,在以ClO_2^-为底物的振荡器中,之所以产生振荡行为的关键是存在HOCl自催化行为。

表2-3 ClO_2^-振荡器反应机理和速率常数[99]

序号	反应机理	速率常数
M2-1	$ClO_2^- + R + H^+ \longrightarrow HOCl + RO$	$k_1[H^+] = 0.1(mol/L)^{-1}s^{-1}$
M2-2	$ClO_2^- + HOCl + H^+ \longrightarrow Cl_2O_2 + H_2O$	$k_2[H^+] = 10^4(mol/L)^{-1}s^{-1}$
M2-3	$Cl_2O_2 + R + H_2O \longrightarrow 2HOCl + RO$	$k_3 = 2 \times 10^5 (mol/L)^{-1}s^{-1}$
M2-4	$HOCl + R \longrightarrow RO + Cl^- + H^+$	$k_4 = 10^4 (mol/L)^{-1}s^{-1}$
M2-5	$Cl_2O_2 + ClO_2^- \longrightarrow 2ClO_2 + Cl^-$	$k_5 = 2 \times 10^5 (mol/L)^{-1}s^{-1}$
M2-6	$Cl_2O_2 + H_2O \longrightarrow ClO_3^- + Cl^- + 2H^+$	$k_6 = 10.5\ s^{-1}$

在酸性条件下,ClO_2^-氧化体系中的硫化合物,发生反应机理(M2-1),产生自催化剂HOCl,使得自催化反应机理(M2-2)和(M2-3)得以发生。反应机理(M2-4)也十分重要,它可以通过消耗自催化剂来控制自催化反应。这个简单的机理模型能够很好地解释以ClO_2^-为氧化剂的振荡器在封闭体系的自催化现象以及开放体系的复杂振荡及混沌行为。然而,这个一般模型无法解释振荡体系中出现的双稳态行为和大振幅的pH振荡,并且在硫元素参与的振荡体系中往往存在其他自催化路径,因此这个模型具有一定的局限性。

(2) pH振荡器一般模型

pH振荡器不同于以上ClO_2^-为氧化剂的振荡器,其体系的质子浓度即pH值随着反应周期的变化而变化。这说明体系在反应过程中自催化反应是属于质子自催化反应。在简单的两组分H_2O_2-S^{2-}反应体系中,包含6步质子平衡反应和12步氧化反应,其中反应表现大振幅的pH振荡行为的关键是在H_2O_2氧化S^{2-}的过程中产生HSO_3^-,而HSO_3^-被H_2O_2的快速氧化过程是典型的质子自催化反应。对于三组分含硫pH振荡器的振荡机理到目前为止已经研究得比较透彻。Rábai[72]首次引入质子正负反馈机理来解释三组分体系的pH振荡行为,并提出pH振荡一般模型[(R2-1)~(R2-3)],这个模型能够很好地概括pH振荡的机理及动力学特征。然而,这个一般模型不能解释IO_3^--SO_3^{2-}-$S_2O_3^{2-}$和IO_3^--SO_3^{2-}-$SC(NH_2)_2$反应体系出现的复杂振荡行为。

2008年,Horváth[100]研究了IO_3^--$S_2O_3^{2-}$-SO_3^{2-}体系中两个子系统即IO_3^--$S_2O_3^{2-}$和IO_3^--SO_3^{2-}的动力学特征,提出了一个改进的4步反应模型,如表2-4所示。表中A、B、C和H分别表示SO_3^{2-}、IO_3^-、$S_2O_3^{2-}$和H^+,P_1和P_2分别表示

SO_4^{2-} 和 $S_4O_6^{2-}$,Horváth 指出 IO_3^- 通过两种路径氧化 $S_2O_3^{2-}$ 生成 SO_4^{2-} 和 HSO_3^-[(M2-9)和(M2-10)],其中(M2-10)中 HSO_3^- 再生过程促进了自催化反应机理(M2-8)。该模型中具有质子自催化外源性 SO_3^{2-} 流入氧化还原反应和内源性 SO_3^{2-} 产生两个质子自催化反应,能很好地解释 IO_3^--SO_3^{2-}-$S_2O_3^{2-}$ 和 IO_3^--SO_3^{2-}-$SC(NH_2)_2$ 反应体系在封闭体系和开放体系的复杂动力学行为。

表 2-4 pH 振荡器一般模型反应机理[100]

序号	反应机理
M2-7	$H + A \rightleftharpoons HA$
M2-8	$3HA + B \rightleftharpoons 3H + P_1$
M2-9	$6C + B + 6H \longrightarrow P_2$
M2-10	$3C + 2B \longrightarrow 6HA$
速率方程	

$$v_{M2-7} = k_{M2-7}[H][A] \quad v_{-M2-7} = k_{-M2-7}[HA]$$
$$v_{M2-8} = k_{M2-8}[HA]^2[B] + k'_{M2-8}[HA][B][H]^2 + k''_{M2-8}[HA][B][H]$$
$$v_{M2-9} = k_{M2-9}[C]^2[B][H]^2$$
$$v_{M2-10} = k_{M2-4}[C][B]^2[H]$$

(3) S(−Ⅱ)体系一般模型

2000 年,Rushing 等[26]首次提出 S(−Ⅱ)在被氧化的过程中,价态变化伴随着 pH 值的变化,具体机理模型见表 2-5。在这个模型中 S(−Ⅱ)→S(0)变化过程消耗质子为质子负反馈过程,S(0)→S(Ⅳ)为过渡阶段产生自催化剂 S(Ⅳ)。氧化剂进一步氧化 S(Ⅳ)产生质子为自催化过程,同时(M2-12)~(M2-14)为 S(0)自催化过程。这一机理模型从硫元素价态变化的角度解释了 S(−Ⅱ)参与的化学反应体系的各种复杂动力学现象,对于设计的 S(−Ⅱ)参与的 pH 振荡器具有指导意义。

表 2-5 S(−Ⅱ)体系一般模型[26]

序号	反应
M2-11	$OX + S(-Ⅱ) \longrightarrow S(0) + OH^-$
M2-12	$S(0) + S(-Ⅱ) \longrightarrow S(-Ⅰ) + OH^-$
M2-13	$S(-Ⅰ)^① + OX \longrightarrow 2S(0)$
M2-14	$S(-Ⅰ) + OX + OH^- \longrightarrow 2S(0) + OH^-$
M2-15	$S(0) + OX \longrightarrow S(Ⅱ)$

表 2-5(续)

序号	反应
M2-16	$S(0)+OX+OH^- \longrightarrow S(II)+OH^-$
M2-17	$S(II)+OX \longrightarrow HSO_3^- +H^+$
M2-18	$HSO_3^- +OX \longrightarrow SO_4^{2-} +H^+$
M2-19	$HSO_3^- +OX+H^+ \longrightarrow SO_4^{2-} +2H^+$
M2-20	$SO_3^{2-} +OX \longrightarrow SO_4^{2-}$
M2-21	$HSO_3^- \rightleftharpoons SO_3^{2-} +H^+$
M2-22	$H_2O \rightleftharpoons H^+ +OH^-$

注：① S(-I)代表二硫化物。

2.2 硫化学反应体系斑图的研究进展

反应扩散系统中斑图的研究是近二十年来非线性动力学研究的一个最具有挑战性的领域[101-102]，对于解释自然界的各种形态和反应的时空控制具有重要意义。复杂时空自组织斑图广泛存在于自然界中，如许多树叶的形状、蝴蝶翅膀上的花纹、动物的皮毛等，这些丰富斑图的形成都与反应扩散有关。为了研究这些自然界复杂斑图的形成机理，揭示生命的秘密，需要从微观的分子反应着手研究其分子系统的反应机理。随着生物学进入微观的分子领域，生物的研究与化学的联系越加紧密。对小分子化学反应扩散体系中时空斑图的系统设计有助于我们理解自然界中各种类似现象的产生原因，使人类能更深刻地认识与改善自然环境，并对构建和谐自然环境有着重要的意义。

1952 年，英国数学家 Turing 从理论上预言化学反应过程与扩散输运耦合体系在受到一个微小的随机扰动时会失去原有的稳定性，从而可以产生时空有序的斑图结构[18]，后人把这类斑图命名为 Turing 斑图。这一理论提出后直到 1990 年，Castets 等[19]才首次从实验上在化学反应体系（CIMA 反应体系）证明了 Turing 斑图的存在。化学斑图可以分为动态和静态两种。动态斑图也被称为化学波，静态有序结构被称为 Turing 斑图。从 20 世纪 80 年代至今，硫化学体系反应扩散斑图的研究主要从封闭体系和开放反应扩散体系两方面进行。

2.2.1 两组分化学反应体系的反应扩散斑图

20 世纪之前，研究封闭体系的硫化学反应扩散斑图通常在皮氏培养皿和试管中进行。两组分的硫化学反应体系在封闭反应器中基本都具有自催化特性，因此在准二维的培养皿中可以出现前沿波。但是在溶液中,前沿波的扩散会产生浓度梯度以及热梯度,使得溶液的密度发生变化,这种变化往往会产生对流,导致前沿波失稳。当体系为放热反应($\Delta H<0$)且产物在溶液中的密度小于反应物的密度($\Delta V_{rxn}>0$)时,简单对流才会发生。如果二者符号相同,对流将不会发生[103]。

ClO_2^- 与 $S_2O_3^{2-}$ 反应的反应过程会放出大量热量,温度变化一般为 10~20.0 ℃。在 ClO_2^--$S_2O_3^{2-}$ 反应液中加入一定浓度的酸,可以诱发体系产生前沿波。另外,体系的温度变化会导致溶液中流体运动,而对流运动和反应扩散耦合会对前沿波的传播方向及传播速度产生影响,产生更复杂的对流斑图,如图 2-6(A)所示[104]。在反应过程中,化学波传播过程中温度的变化可以通过核磁共振温度测定法来测定[105],如图 2-6(B)所示。区别于以往的在反应介质中额外添加各种指示剂来测定化学反应过程反应物,这种方法主要通过产物或者中间物的物理变化来定性地描述化学波传播并且确定反应过程中浮力流的传播方向,但是这种方法要求体系为放热反应体系,并且要求反应过程中温度变化要在 2~3 ℃以上,满足这样的条件才能得到可靠的可视化的温度变化引起的前沿波传播图像。

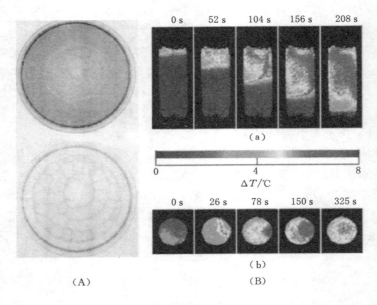

图 2-6　ClO_2^--$S_2O_3^{2-}$ 反应体系皮氏培养皿中圆环结构和马赛克斑图[104](A),前沿波传播过程中的纵向(a)和横向(b)温度分布[105](B)

当 ClO_2^- 过量时会产生 ClO_2 前沿波。在垂直的试管中,体系具有正的密度变化,即 $\Delta V_{rxn}>0$,前沿波发生 Rayleigh-Taylor 失稳,从而产生向下传播的手指斑图。由于前沿波内部的温度大于未反应区域的温度,产生冷却效应使得溶液密度增大,在前沿边界会产生对称的蘑菇状烟羽[106-108]。另外在 ClO_2^- 氧化$CS(NH_2)_2$反应中会产生 SO_4^{2-},即

$$2ClO_2^- + SC(NH_2)_2 + H_2O \longrightarrow 2Cl^- + SO_4^{2-} + CO(NH_2)_2 + 2H^+$$

(R2-15)

可以加入 $BaCl_2$[108]或者 $PbCl_2$[109]作为指示剂,利用 $BaSO_4$ 或者 $PbSO_4$ 沉淀来有效地观察由于流体运动形成的瞬时手指斑图。在平面的培养皿中,由于放热作用,该体系会产生平面热效应,发生 Benard-Marangoni 对流,从而形成对流环面的自组织斑图,如图 2-7 所示。这种在对流环面内由于反应动力作用、反应能、马拉高尼效应和热重效应相互作用而产生暂态的自组织斑图十分复杂,区别于简单的反应-扩散引起的对称性破缺分岔。

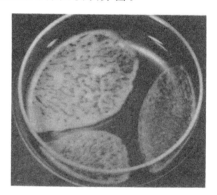

图 2-7 ClO_2^--$SC(NH_2)_2$ 反应体系 $BaSO_4$ 沉淀斑图[107]

当自催化反应在非搅拌封闭反应扩散凝胶系统中,即体系无对流存在的情况下,前沿波扩散到未反应区域,应该保持它的平面对称性。但是,如果自催化反应为立方自催化,且自催化剂的扩散速率大于反应物的扩散速率,这种平面对称性会失去稳定性,导致前沿波失稳,形成细胞前沿波,如图 2-8(a)所示[63]。ClO_2^--$S_4O_6^{2-}$ 反应体系简称 CT 反应,该体系为典型的质子自催化反应,为超自催化反应[50],这一性质是反应扩散系统中前沿波失稳的关键[110-113]。在封闭的凝胶介质中,ClO_2^--$S_4O_6^{2-}$ 反应体系中加入合适的扰动可以观察到细胞前沿波[110,112]和横向前沿波失稳[114]。如果对体系施加一个外部电场,在正极附近的前沿波波速减慢,负极附近波速增加,使得前沿波失稳,从而在前沿波传播的横

切面方向形成细胞型斑图[115-116]。

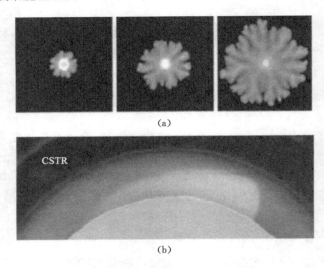

图 2-8　$ClO_2^- - S_4O_6^{2-}$ 反应体系
封闭体系的细胞前沿波(a)和开放体系的脉冲激发波(b)

　　Hell-Shaw Cell 通常用于研究流体热力学不稳定性[105]，在 Hell-Shaw Cell 中，自催化反应和流体 Rayleigh-Taylor 失稳的相互作用，可以产生丰富的动力学现象。在 CT 反应中产物的密度大于反应物的密度，前沿波向下移动，因此会发生浮力驱使的 Rayleigh-Taylor 失稳，形成密度手指[117-118]。同时，在反应过程中放出大量热量，局部温度的升高使得该体系具有正的溶液密度变化值和负的热密度变化值，导致前沿波在扩散的过程中发生多组分对流，因此稳定斑图的形成还取决于反应体系的化学组成和温度[119]。

　　质子自催化体系在 CSTR 中通常表现双稳态行为，而在非搅拌封闭体系中由于反应和扩散的耦合作用会产生前沿波，但是在封闭体系中最终达到平衡。为了克服这些缺点，人们先后设计了空间开放式反应器（continuously fed unstirred reactor, CFUR）、单边进料反应器（one side fed reactor, OSFR）、双边进料反应器、圆盘形反应器、圆环形反应器和 Couette 反应器等，极大地促进了化学斑图动力学的发展。将这些开放的反应器运用到质子自催化反应体系中会产生时空双稳态、时空振荡等。

　　在开放的单边进料反应器中，CT 反应体系可以变现为时空双稳态行为[120-122]，发现该 CT 反应体系中大多数物质的扩散速率为 10^{-5} cm^2/s，而自催化剂的扩散速率远远大于抑制剂，所以存在长程活化不稳定性[122]，使得 CT 反应在 OFSR 中能表现时空振荡[123],加入具有羧酸官能团的聚合物可降低质子的扩散速率,使得长程活化效应转化为短程活化效应,从而产生脉冲波[121],如图 2-8(b)所示。

$IO_3^-/BrO_3^--SO_3^{2-}$ [113-114]以及 $ClO_2-SO_3^{2-}$ [115]反应体系为典型的质子自催化反应体系,早期研究是在封闭的非搅拌反应中进行的,这类体系中往往会形成反应前沿波。在 pH 梯度存在的情况下,$BrO_3^--SO_3^{2-}$ 反应体系会表现周期性对流现象,产生"跳跃的"前沿波[124-126]。随后人们在圆盘形以及圆环形 OFSR 中发现 $IO_3^--SO_3^{2-}$ 和 $BrO_3^--SO_3^{2-}$ 反应体系存在时空双稳态、时空振荡、前沿波和脉冲波,产生时空振荡行为主要由长程活化效应引起,也就是说体系中自催化剂的扩散速率大于任何一个组分的扩散速率[127-128]。

2.2.2　三组分化学反应体系的反应扩散斑图

自从 Turing 斑图在 CIMA 体系中首次被证实后,科学家开始在三组分的硫化学体系中设计时空斑图。

(1) 三组分封闭凝胶介质中反应扩散斑图研究

Gao 等[129-130]在封闭均相凝胶介质中研究了 $H_2O_2-SO_3^{2-}-S_2O_3^{2-}$ 和 $IO_3^--SO_3^{2-}-S_2O_3^{2-}$ 反应体系的时空动力学行为,在这两个体系中都能观测到 pH 前沿波,在 $IO_3^--SO_3^{2-}-S_2O_3^{2-}$ 反应体系中还存在 pH 前沿波向碘脉冲波转化的情况[130-131]。这为探索新型的化学波和开发其他二维反应扩散体系提供了很重要的启示。

在聚丙烯酰胺(PA)凝胶介质中,O_2-HS⁻-MB(PA-MBO)体系存在类似 Turing 状六边形斑图(图 2-9)、马赛克斑图[132-133]等。反应过程中 O_2 可以与外界进行物质交换,因此对 O_2 而言体系为开放体系。由于该体系为封闭体系没有反应物的供给,体系出现类似 Turing 斑图的暂态图案,并且随着反应物的消耗,斑图会演化出不同的时空结构,如从初始的六边形斑点演变为条纹状斑图,最终变为"之"字状斑图,或者存在"之"字状斑图与六边形斑点共存的情况[134-135]。这种斑图形成的原因和 Turing 斑图一样,都是活化剂的扩散系数小于抑制剂的扩散系数导致的。

(2) 三组分开放凝胶介质中反应扩散斑图研究

1993 年 Lee 等[9]首次在 FIS 体系中观察到前沿波相互作用形成的静态斑图,随后 Lee 和他的合作者们发现在该体系中存在自复制斑点[29]、环状斑图[29]和迷宫斑图[136]等。

FIS 体系是典型的氧化剂-S(Ⅳ)-负反馈剂构成的 pH 振荡体系,在体系中加入合适的 pH 指示剂就能将斑图可视化。然而反应扩散体系中质子的扩散系

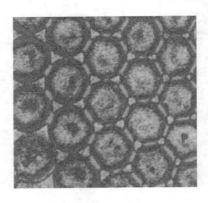

图 2-9　PA-MBO 反应体系中的六边形斑图[135]

数较大,不利于得到稳定清晰的斑图,加入具有羧基官能团的大分子聚合物能有效可逆性地绑定质子,从而达到降低自催化剂扩散系数的目的,使体系发生时间和空间尺度的分离,能形成较稳定的时空斑图。自催化剂扩散系数小于阻尼剂的扩散系数将会形成 Turing 斑图[136]。

自从 FIS 体系静态 Turing 斑图发现后的十几年里,对于硫化学反应体系 Turing 斑图的研究仅仅停留在 FIS 体系中。造成这种停滞的原因主要有以下两个方面。

(1) CIMA 体系和 FIS 体系机理研究相对成熟,足以作为斑图形成理论的研究对象。其研究内容主要包括以下六方面:① 不同的二维和三维斑图的分岔理论[137-139];② 斜坡型凝胶对斑图形成的影响[140-141];③ Turing 失稳和均相失稳相互作用形成的不同的斑图模式[142-144];④ 不同化学性质的凝胶介质对斑图形成的作用[145-146];⑤ 对 Turing 斑图的波长及几何形状的外部控制[147-148];⑥ 边界效应对斑图选择的影响[149]。

(2) 虽然这两个体系中斑图的研究只是一个定向研究的实验结果,但是这些实验结果都是在有利的实验条件下得到的。反应体系中各反应物的扩散系数的差异[32,150]及真实反应器中的复杂性[151-152]还未完全被理解,只有解决这些问题才能提出一个在不同体系设计静态斑图的有效方法。

2009 年,法国科学家 De Kepper 提出了一个定向设计时空斑图的半经验方法,这个方法主要分三步:第一步,寻找能在开放反应器中表现时空双稳态的自催化反应;第二步,加入合适的负反馈剂,产生时空振荡;第三步,加入聚合物使得自催化过程和抑制过程产生空间尺度的分离[153-154]。这一方法的提出为探索 pH 振荡器中时空斑图起到了指导作用,大大促进了硫化学反应体系时空斑图研究的发展。Szalai 等[155-157]先后将这个设计方法应用于 $IO_3^- $-$SO_3^{2-}$-

$SC(NH_2)_2$、$IO_3^- - SO_3^{2-} - S_2O_3^{2-}$[131]、$H_2O_2 - SO_3^{2-} - HCO_3^-$ 和 $H_2O_2 - SO_3^{2-} - Fe(CN)_6^{4-}$ 反应体系中,成功在圆盘形 OSFR 以及圆环形 OSFR 中设计了静态的 Turing 斑图、迷宫图案及动态的行波。图 2-10 为 $IO_3^- - SO_3^{2-} - SC(NH_2)_2$ 反应体系的各种静态的 Turing 图。

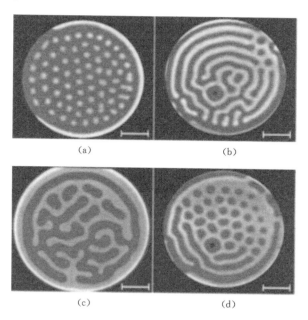

图 2-10 $IO_3^- - SO_3^{2-} - SC(NH_2)_2$ 反应体系中的静态 Turing 斑图[153]

Pearson[4]在简单的 Gray-Scott 模型中加入扩散项能模拟 FIS 体系中出现的各种静态斑图。该模型由(R2-16)和(R2-17)两步反应构成。(E2-1)和(E2-2)为对应的反应扩散方程。

$$U + 2V \longrightarrow 3V \quad (R2\text{-}16)$$

$$V \longrightarrow P \quad (R2\text{-}17)$$

$$\frac{\partial U}{\partial t} = D_U \nabla^2 U - UV^2 + F(1-U) \quad (E2\text{-}1)$$

$$\frac{\partial V}{\partial t} = D_V \nabla^2 V - UV^2 - (F+k)V \quad (E2\text{-}2)$$

式中,k 为无量纲的速率常数;F 为无量纲流速;D_U 和 D_V 分别为 U 和 V 的扩散系数。图 2-11 为 Gray-Scott 模型中得到的自复制斑点。

Gray-Scott 模型只是一个简化的模型,并不能真实地反映 pH 斑图形成的内在机制。De Kepper 在 pH 振荡一般模型[(R2-1)~(R2-3)]中加入质子平衡

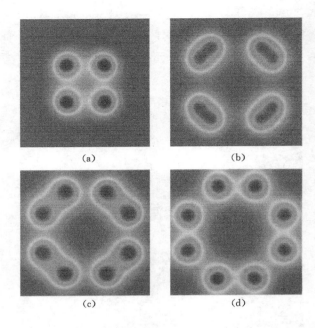

图 2-11　自复制斑点模拟结果[4]

反应(R2-18)可逆性绑定质子来定性地模拟凝胶中的各种动力学现象。

$$S^- + H^+ \rightleftharpoons HS \tag{R2-18}$$

在 CSTR 中,各物质随时间变化可以用如下微分方程表示:

$$\dot{c}_i = F_i(\{c_i\}, k_1, \cdots, k_n) + k_0(c_{i,0} - c_i) \tag{E2-3}$$

式中,$F_i(\{c_i\}, k_1, \cdots, k_n)$ 表示各个反应物局部反应动力学项;k_0 为物质交换的速率常数即流速;$c_{i,0}$ 和 c_i 分别表示流入的浓度和反应器中浓度。

在 OSFR 中,凝胶中各物质的浓度随时间变化可以用方程(E2-4)表示,即

$$\partial_t c_{i,G} = F_i(\{c_{i,G}\}, k_1, \cdots, k_n) + D_i \nabla c_{i,G} \tag{E2-4}$$

通过这种方法可以计算出准一维凝胶中的动力学现象,如时空振荡、静态斑图等。对于反应扩散体系具有一定的指导意义。

虽然这个模型采用 pH 振荡一般模型,但是这个模型只适用于简单的正负反馈构成的 pH 振荡体系的斑图模拟。另外,由于反应过程中体系的 pH 变化幅度很大,体系的刚性很强,计算量大大增加,目前只能计算出一维体系的动力学行为。因此,在多维 pH 斑图的模拟与理论研究方面还有待于进一步探索。

2.3 pH 振荡器与生物分子和软物质的耦合

pH 振荡动力学在生物系统和生理系统中起了非常重要的作用[158-159],在这些系统中含有大量可调节的生物化学组分,这些生物化学组分往往具有一定的 pH 响应性,因此可以通过反应介质中 pH 值的周期性变化来周期性调节这些化学组分。近年来,科学家将 pH 振荡器与 pH 响应性凝胶、半透膜[13,160-161]、具有 pH 活性的酶[162]和 DNA[15,163]有效结合在一起进行研究,利用化学反应能来控制生物分子的机械能。

2.3.1 与生物分子耦合

振荡行为普遍存在于生物系统中,如酶参与的振荡器为糖酵解振荡器[164-167]、钙离子振荡器及钙离子波[168-169]、生物周期节律[170]等。许多酶振荡器中酶活性取决于 pH 值,这暗示着这些振荡器中可能具有质子催化反应,因此许多科学家致力于研究酶参与的 pH 振荡器。Vanag[12]成功地将辣根过氧化氢酶引入 H_2O_2-SO_3^{2-}-$Fe(CN)_6^{4-}$ 反应体系中。虽然这并不是一个真正的酶参与的 pH 振荡器,但是这是对现有 pH 振荡器的一个补充。Frerichs 等[14]运用相同的原理,将碳酸酐酶加入 H_2O_2-Na_2SO_3-Na_2CO_3-H_2SO_4 振荡器中,增强了体系的负反馈作用。Hauser 等[171]在 H_2O_2-SO_3^{2-} 反应体系中加入血晶素(hemin)成功设计了一个酶催化的 pH 振荡器,血晶素为许多生化酶的活性中心,同时也能为体系提供负反馈作用。Liedl 等[15]利用 IO_3^--SO_3^{2-}-$S_2O_3^{2-}$ 反应体系中质子消耗和再生过程驱动 DNA 分子,如图 2-12 所示,当体系处于低 pH 值时,DNA 分子为 M 型构型,当体系处于高 pH 值时,DNA 分子链展开呈现 i 型。因此随着 pH 周期性振荡,DNA 分子的构型也周期性改变,利用这种方法可以实现 DNA 分子构型周期性转变。

pH 振荡介质中 pH 值随时间周期性变化,可以利用这一特性构造脉冲式药物输送[153,167]系统。因为随着反应体系的 pH 值在酸碱性之间周期变化,药物分子发生结构改变,通过亲脂性膜,从而实现了药物的脉冲式释放。药物扩散是一个很慢的过程,因此要求承载这个药物的 pH 振荡器必须具有足够长的振荡周期以及在低 pH 值区域停留足够长的时间,现阶段都是在以 $Fe(CN)_6^{4-}$ 作为负反馈剂的三组分硫化学反应体系中,而 $Fe(CN)_6^{4-}$ 具有毒性,运用于药物释放系统很不安全,所以迫切需要一种具有很长振荡周期以及生理无害的 pH 振荡器。

2005 年,Kurin-Csörgei 等[172]提出可以将 pH 振荡器与络合作用和沉淀平衡进行耦合,从而使生命所必需的金属离子和卤素离子产生振荡。运用这种方

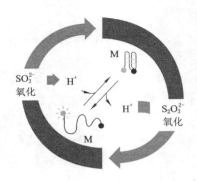

图 2-12　$IO_3^- $-$SO_3^{2-}$-$S_2O_3^{2-}$ 反应 pH 振荡 DNA 构型变化[15]

法他们在 BrO_3^--SO_3^{2-}-$Fe(CN)_6^{4-}$ 振荡器中加入络合物 $Ca(EDTA)_2$,得到了一个无生命的钙离子振荡器[173-174]。2008 年,Horváth 等[175]将 Al^{3+}-F^- 络合反应和 Ca^{2+}-F^- 沉淀反应与 BrO_3^--SO_3^{2-}-Mn^{2+} 振荡器相耦合,成功设计了 Al^{3+} 振荡器和 F^- 振荡器。另外,在 BrO_3^--SO_3^{2-}-Mn^{2+}-Al^{3+}-F^- 体系中 F^- 也能表现双稳态行为,并且 Al^{3+} 可以改变 BrO_3^--SO_3^{2-}-$Fe(CN)_6^{4-}$ 体系振荡的模式,使得体系从简单振荡发生混合模式分岔[176]。

2.3.2　与软物质结合

化学振荡反应周期性的变化可以使凝胶发生周期性的变化,使得体系的这种化学能转化为凝胶的机械能,从而促使凝胶周期性膨胀。另外,凝胶的机械能也能反作用于反应体系的动力学,使得反应体系的稳态、振荡、复杂振荡和混沌相互转化,从而实现机械能转化为不同动力学状态的化学能,也就实现了对化学动力学的调控[177]。凝胶响应性动力学的研究最早是在 BZ 反应体系中进行的[178],随着硫化合物氧化动力学研究的日趋成熟,人们开始研究 pH 振荡器驱动下的凝胶响应动力学。

1995 年,Yoshida 等[17]将具有 pH 响应性的 N-异丙基丙烯酰胺/丙烯酸[简称 P(NIPAAm-co-AA)]共聚凝胶引入 H_2O_2-SO_3^{2-}-$Fe(CN)_6^{4-}$ 体系中,利用体系 pH 值周期性的变化控制凝胶的溶胀收缩,可以定向地模拟肌肉组织的周期性运动。Crook 等[13]在 BrO_3^--SO_3^{2-}-$Fe(CN)_6^{4-}$ 振荡体系中加入聚甲基丙烯酸共聚凝胶,利用 pH 值的变化使得凝胶体积周期性地膨胀收缩,实现了凝胶微粒的自振荡。随着凝胶合成技术的日益成熟,Varga 等[160]合成了适用实验范围较广的纳米微凝胶,在 BrO_3^--SO_3^{2-} 反应体系中这些纳米微凝胶的直径在振荡过程中随 pH 值的变化而变化。Labrot 等[179]将 P(NIPAAm-co-AA)共聚物与 ClO_2^--

$S_4O_6^{2-}$ 酸自催化反应体系耦合,使得反应体系从双稳态走向振荡,利用凝胶形状的变化作为反应体系另一个反馈实现对反应体系动力学的调控。

综上所述,硫化学反应体系的非线性动力学研究依然是一个具有学术生命力的研究领域,需要更多实验和理论研究去解释以往实验中的丰富现象[180-181]。另外,通过对这些复杂的时空动力学现象的解释同样有助于我们对自然界中各种复杂时空图案形成机理的理解。

2.4 硫化学反应体系动力学研究的新方向与研究启发

硫化学反应体系之所以能同 BZ 反应一样呈现丰富的时空动力学现象,其原因是硫化物氧化动力学十分复杂,其氧化过程价态的变化是一个快慢结合非线性的变化过程,并且在氧化过程中通常都会伴随着质子浓度的变化。

目前,硫化学反应体系的非线性动力学现象研究已经十分深入,但对于这些反应体系的机理研究远滞后于实验现象的研究,造成了反应现象与理论模型的脱节。尤其是对于两组分的硫化学振荡器振荡机理的研究,如以 S(-Ⅱ)化合物参与的硫化学振荡器,这些化合物在氧化过程中会产生多种复杂的中间物,中间物的追踪与检测是如今机理研究的一大难题。在反应-扩散系统中,硫化学振荡体系虽然可以像 BZ 体系那样设计非搅拌系统中反应与扩散耦合的化学斑图,如空间双稳态、细胞前沿波、自复制斑点和指纹斑图等,但是在 pH 时空动力学方面依然存在如下问题需要进一步研究:

（1）目前 pH 时空动力学研究的体系只局限在简单的一个正负反馈体系,而对于多反馈体系中的时空动力学行为的研究相对较少。在多反馈 pH 振荡介质中,各种反馈环相互作用耦合,在均相反应体系中会出现更为复杂的动力学现象。在反应扩散介质中也将会出现更丰富的时空斑图[182]。

（2）对 pH 振荡体系动力学行为调控的方法主要分为直接法和间接法两种。直接法主要是通过改变流入反应器内反应物浓度、温度和流速来改变反应的动力学行为,这个方法不改变反应的机理。间接法主要是通过加入光照引入光敏性反应来直接改变反应体系的动力学机理从而达到调控反应体系的动力学的目的。直接法具有很强的普适性,因此在研究过程中运用得很多;间接法要求体系具有光敏性,这一方法被广泛运用于具有光敏性的 BZ 反应体系中[183],而在 pH 振荡介质中研究较少。

通过对以上两个问题的分析,本书在大量的硫化学反应体系中以过氧化氢-亚硫酸盐质子自催化反应为研究载体,选用硫脲、硫代硫酸盐和亚铁氰化钾作为反应的质子负反馈剂来构建多反馈介质,并研究其 pH 反应动力学行为。

3 实验部分

3.1 实验试剂

实验中所用试剂纯度及生产厂家见表 3-1,实验过程中配制溶液用水均由 Milli-Q 纯水系统处理而得,其电阻率 $\geqslant 18.2$ M$\Omega \cdot$ cm,并且在配制溶液前先经过煮沸 0.5 h,再通入氮气 1 h 从而除去水中溶解氧。过氧化氢经稀释后,采用高锰酸钾标准溶液标定出准确浓度待用。实验所用硫酸浓度采用无水碳酸钠(高温烘干 2 h)进行标定。

表 3-1 实验药品

药品名称	类型	含量	生产厂家
过氧化氢	分析纯	$\geqslant 30\%$	国药集团化学试剂有限公司
亚硫酸钠	分析纯	$\geqslant 98\%$	阿法埃莎(中国)化学有限公司(Alfa Aesar)
浓硫酸	分析纯	$95\% \sim 98\%$	国药集团化学试剂有限公司
硫脲	分析纯	$\geqslant 99\%$	国药集团化学试剂有限公司
五水合硫代硫酸钠	分析纯	$\geqslant 99\%$	国药集团化学试剂有限公司
三水合亚铁氰化钾	分析纯	$\geqslant 99\%$	国药集团化学试剂有限公司
溴甲酚紫	分析纯	$\geqslant 99\%$	西格玛奥德里奇(上海)贸易有限公司(Sigma-Aldrich)
聚丙烯酸钠	分析纯	35%	西格玛奥德里奇(上海)贸易有限公司(Sigma-Aldrich)
无水碳酸钠	分析纯	$\geqslant 99.8\%$	上海苏懿化学试剂有限公司
甲基红	分析纯	$\geqslant 99\%$	国药集团化学试剂有限公司
高锰酸钾	分析纯	$\geqslant 99.5\%$	国药集团化学试剂有限公司
一水合硫酸锰	分析纯	$\geqslant 99\%$	国药集团化学试剂有限公司
乙酸	分析纯	$\geqslant 99\%$	国药集团化学试剂有限公司
磷酸氢二钾	分析纯	$\geqslant 99\%$	国药集团化学试剂有限公司
磷酸二氢钾	分析纯	$\geqslant 99.5\%$	国药集团化学试剂有限公司

表 3-1(续)

药品名称	类 型	含量	生产厂家
甲醇	色谱纯	≥99.8%	国药集团化学试剂有限公司
乙腈	色谱纯	≥99.8%	国药集团化学试剂有限公司
琼脂糖	生化试剂		国药集团化学试剂有限公司
盐酸	分析纯	36%~38%	国药集团化学试剂有限公司
氯化钾	分析纯	≥99%	国药集团化学试剂有限公司

3.2 实验仪器

实验过程中涉及的实验仪器见表 3-2。pH 复合电极在首次使用前需用 3.3 mol/L KCl 溶液进行浸泡活化 24 h 后,使用 pH=4 和 pH=9.18 的标准缓冲溶液进行校正。另外,蠕动泵在使用前也需要对各个通道的流量进行校正,使得各通道的流量与设定值保持一致。

表 3-2 实验仪器

仪器名称	仪器生产厂家
封闭反应器	特制
CSTR 反应器	特制
CFUR 反应器	特制
Elix-5 纯水制备系统	密理博(Millipore)
E-coder	澳大利亚 eDAQ 公司
pH-pod	澳大利亚 eDAQ 公司
pH 复合电极	美国 Cole-Parmer 公司
精密恒温水槽	美国 PolyScience 公司
高精密蠕动泵	瑞士 ISMATEC 公司
温度探针	澳大利亚 eDAQ 公司
pH 计	澳大利亚 eDAQ 公司
电子分析天平	北京赛多利斯仪器系统有限公司
数字搅拌器	德国 IKA 公司
高效液相色谱	安捷伦科技有限公司
离子阱质谱仪	赛默飞世尔科技公司

3.3 实验方法

3.3.1 封闭体系实验方法

封闭体系实验装置如图 3-1 所示。封闭体系反应器为体积 25.0 mL 的恒温夹套式石英玻璃反应器，反应器与精密恒温水槽相连，通过调节通入循环水的温度来控制反应器内反应温度。每次实验之前需要将反应器晾干，并且调节循环水温度，使得反应器温度达到设定温度。随后将实验中的 pH 测定系统连接好方可开始实验。

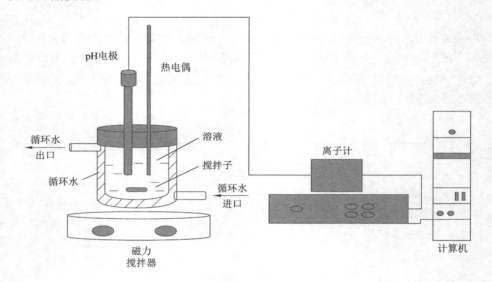

图 3-1 封闭体系实验装置示意图

在实验过程中，搅拌子的旋转速度为 800 r/min，反应液添加顺序为稀硫酸、亚硫酸钠、硫脲/五水合硫代硫酸钠/三水合亚铁氰化钾，在加入三种反应物后，开始使用 Chart 软件采集体系的 pH 值信号，预热 1 min 后，加入氧化剂过氧化氢。

3.3.2 开放体系实验方法

采用连续搅拌流动反应器来完成开放体系的全部实验。反应器的体积为 27.0 mL，开放反应器的优点是通过蠕动泵连续提供反应物，实现与外界的物质交换和能量交换,并且连续地排出反应产物,这样能有效地使反应远离动力学平衡态,反应装置如图 3-2 所示。对于四组分反应体系,反应液预先配制于四个容量瓶中待用。这四种反应液通过 ISMATEC 蠕动泵的四个通道分别泵入反应器,为了有效防止反应液进入反应器后发生局部酸化,通常将硫酸和亚硫酸盐反应液在进入反应器之前进行预混合,反应过程的废液通过反应器的上口排出。实验过程中,搅拌器的搅拌速率固定为 800 r/min,使得反应液进入反应器后能够达到均匀,不存在浓度梯度。若体系为三组分反应体系,则将这三种反应液分别通过三通道进入反应器,无须进行预混合。

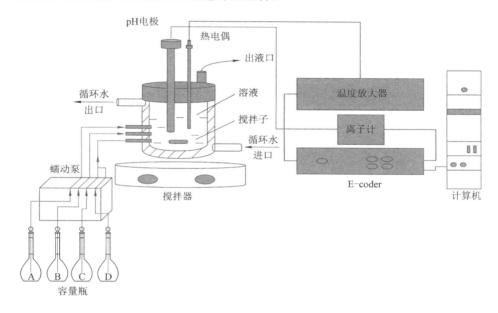

图 3-2　CSTR 实验装置示意图

3.3.3　反应-扩散体系实验方法

反应-扩散体系实验主要在单边进料反应器(OSFR)中完成,实验装置如图 3-3 所示。这个实验装置的主要特点是,它包含一个 CSTR 和一个凝胶反应部分。化学反应主要在凝胶内部发生,通过图像采集装置来记录凝胶中的斑图演化以及化学波的传播。为了防止对流对斑图动力学的影响,在反应器的 CSTR 和凝胶反应部分接触的地方安装一个多孔的玻璃板。反应液通过蠕动泵泵入反应器的 CSTR,并通过扩散进入凝胶介质中。凝胶介质主要分为三个部分:一是凝胶部分,在整个实验过程中,凝胶主要采用 2% 的琼脂糖,胶片厚度为

0.50 mm,胶片直径为 22.0 mm;二是孔径为 45.0 μm 的硝酸纤维膜胶片,其与 CSTR 接触,既可以作为白色背景,又能进一步避免对流对反应-扩散动力学的影响;三是透明光学玻璃片,其与琼脂胶片接触,作为 CCD 的观察窗口,采集胶片里的图像信息,并传输给电脑存储器。在光敏性实验中,可以通过光学玻璃片窗口,采用光照来调控反应-扩散斑图的动力学行为。CCD 通过 Tsview 软件控制,图像采集速率为 5 s/帧。实验过程中,为了得到更为清晰的图像需要添加外界光源,在实验中所用光源主要为能够控制辐照度的 LED 环形灯。在光敏性实验中,采用遮光纸对反应器遮光,从而避免外界光源对反应动力学的影响。

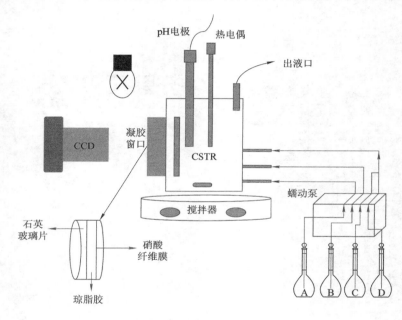

图 3-3 OSFR 实验装置示意图

3.3.4 中间产物检测方法

在实验过程中,为了得到过氧化氢-亚硫酸盐-硫脲反应过程中具体的反应动力学机理,采用高效液相色谱仪(Agilent 1100 series)对子反应过程(过氧化氢-硫脲反应)中的中间产物进行在线追踪,其中检测条件如表 3-3 所示。在 HPLC 实验过程中,为了更好地分离产生的中间产物,在 pH<4 时,采用甲醇和含有离子对的不同 pH 值水溶液;当 pH>4 时,采用甲醇、乙腈以及缓冲液的三元流动相。整个实验过程反应液均置于恒温振荡器中,保持反应温度为(25.0±0.1) ℃。

表 3-3　HPLC 实验条件

参　数	条　件
流动相(pH>4)	甲醇：缓冲液＝5：95
流动相(pH<4)	甲醇：乙腈：缓冲液＝6：26：68
固定相	Pheomenex Ginimi C18 色谱柱(d_p 5 μm，I.D. 4.6 nm×250 nm)
检测波长	200 nm，214 nm，220 nm，235 nm，254 nm
流速	0.5 mL/min
进样体积	10 μL
柱温	25.0 ℃

本书采用高效液相色谱与质谱联用的方法来定性和定量地分析过氧化氢-硫脲反应过程中生成的中间产物，实验条件如表 3-4 所示。

表 3-4　HPLC-MS 联用实验条件

参　数	条　件
流动相(pH<4)	甲醇：乙腈：缓冲液＝6：26：68
流速	0.4 mL/min
固定相	Pheomenex Ginimi C18 色谱柱(d_p 5 μm，I.D. 4.6 nm×250 nm)
柱温	25.0 ℃
进样体积	10 μL
ESI$^+$	＋3.0 kV
ESI$^-$	－2.0 kV
离子传送温度	300 ℃

3.3.5　计算模拟方法以及图像处理方法

为了能够定量地解释整个实验过程的各种动力学现象，本书采用 Berkeley Madonna 软件对实验结果进行数值模拟。模拟过程中采用 Rosenbrock(Stiff)算法，迭代误差为 10^{-10}，时间最大步长为 1.0，最小步长为 0.001。

在反应-扩散斑图实验过程中，化学波的传播可以通过颜色变化来体现，而每个颜色都有其特定的 RGB 值，因此可以通过 Image Pro Plus 软件提取每一帧图片的特定空间的 RGB 值。再利用 MATLAB 软件将 RGB 值转化为化学波传播的时空图，从而将特定时间内空间各点或者各线上化学波的传播情况通过平面图直观地显示出来。

4 过氧化氢-亚硫酸盐-硫脲反应体系非线性动力学

pH 振荡器是振荡反应家族中一个重要的分支,在这类振荡反应中反应体系的 pH 值呈现周期性的改变。最早在 1985 年 Orbán 和 Epstein[33] 偶然发现在 H_2O_2 氧化 S^{2-} 时,溶液的 H^+ 浓度随时间周期性改变,随后这类振荡体系的振荡机理被广泛研究。Rábai[72] 将 pH 振荡体系的机理用简单的 3 步机理表示:

$$A + H^+ \rightleftharpoons AH \quad (R4\text{-}1)$$

$$AH + H^+ + B \longrightarrow 2H^+ + P^- \quad (R4\text{-}2)$$

$$H^+ + C^- \longrightarrow Q \quad (R4\text{-}3)$$

其中,反应(R4-1)为快速质子平衡反应,反应(R4-2)为质子自催化反应,作为正反馈,反应(R4-3)为质子消耗反应,作为负反馈。这三步反应中 A 为还原剂,B 为氧化剂。实验过程中,A 通常为 SO_3^{2-},而氧化剂 B 主要为 IO_3^-、BrO_3^- 和 H_2O_2 等,这些氧化剂在氧化 HSO_3^- 过程中释放质子,反应(R4-4)~反应(R4-6)为典型的质子自催化反应,这类反应会引起整个反应体系 pH 值的降低。

$$IO_3^- + 3HSO_3^- \longrightarrow 3SO_4^{2-} + 3H^+ + I^- \quad (R4\text{-}4)$$

$$BrO_3^- + 3HSO_3^- \longrightarrow 3SO_4^{2-} + 3H^+ + Br^- \quad (R4\text{-}5)$$

$$H_2O_2 + HSO_3^- \longrightarrow SO_4^{2-} + H^+ + H_2O \quad (R4\text{-}6)$$

要使反应体系在 CSTR 中产生持续的 pH 振荡行为,还需要加入合适的负反馈剂以消耗自催化反应产生的质子,从而使体系的 pH 值升高。实验过程中反馈反应主要分为氧化还原反应和非氧化还原反应两种。其中氧化还原反应的还原剂主要为 $Fe(CN)_6^{4-}$[86,184-185]、$S_2O_3^{2-}$[23,74]、$SC(NH_2)_2$[76] 和 Mn^{2+}[98]。

在这些负反馈剂中,$SC(NH_2)_2$(Tu)为典型的硫化合物,具有较高的工业应用价值,被广泛应用于湿法冶金及材料工艺中。硫脲在酸性条件下被卤氧化合物(如 IO_3^-[186]、BrO_3^-[47] 和 ClO_2^-[187])氧化能表现丰富的动力学行为。特别是 ClO_2^- 氧化硫脲反应在 CSTR 中会表现复杂振荡、化学混沌等丰富的非线性时空动力学行为[187]。在 IO_3^--SO_3^{2-}-Tu 反应体系中,硫脲作为负反馈剂消耗质子,使得体系能够产生大振幅的 pH 振荡行为,由于 Tu 为 -2 价硫化合物,这使得该体系存在十分复杂的振荡行为[78]。

研究 pH 振荡体系的另一个重要的目的是探索反应扩散体系的时空自组织

行为[78]。1993 年 Lee 等首次在 pH 振荡反应体系 IO_3^- CSO_3^{2-}-$Fe(CN)_6^{4-}$ 中发现了静态的 Turing 斑图[4,9]。但是在随后的二十几年里对 pH 振荡体系的斑图的研究局限在这个体系。直到 2009 年 De Kepper 等提出了一个在 pH 振荡体系中定向设计静态 Turing 斑图的方法,成功地在 IO_3^--SO_3^{2-}-Tu 反应体系中得到持续稳定的 Turing 斑图[188],并且使得能够呈现 pH 静态斑图的 pH 振荡器的个数从 1 个上升到 5 个。

H_2O_2-SO_3^{2-} 反应体系为非卤素参与的反应,该反应为典型的时钟反应。在 CSTR 中,H_2O_2 氧化 SO_3^{2-} 反应具有两个稳态:稳态 I 位于 pH 在 8～9 之间的碱性的流动分支,反应程度较低;稳态 II 位于 pH 在 4～5 之间的热力学分支,反应程度较高。根据上述的 pH 振荡的一般模型,在 H_2O_2-SO_3^{2-} 反应体系中加入合适的负反馈剂消耗质子,可产生持续的 pH 振荡行为。目前为止,报道的负反馈反应主要为以下几种:

$$HCO_3^- + H^+ \rightleftharpoons H_2CO_3 \quad (R4\text{-}7)$$

$$H_2CO_3 \rightleftharpoons CO_2(aq) + H_2O \quad (R4\text{-}8)$$

$$H_2O_2 + 2Fe(CN)_6^{4-} + 2H^+ \longrightarrow 2Fe(CN)_6^{3-} + 2H_2O \quad (R4\text{-}9)$$

$$H_2O_2 + 2S_2O_3^{2-} + 2H^+ \longrightarrow S_4O_6^{2-} + 2H_2O \quad (R4\text{-}10)$$

其中,反应(R4-7)和反应(R4-8)为非氧化还原反应,这种负反馈过程可以直接消耗质子,而不引起反应体系中其他物质浓度的变化。另外,通过氧化还原反应的方式来消耗自催化反应产生的质子,即加入特定的还原剂,与自催化反应中的氧化剂发生氧化还原反应来消耗反应体系中的质子,从而引起体系 pH 值的升高,到目前为止,在过氧化氢反应体系中可以当氧化还原反应负反馈作用的负反馈剂主要为 $Fe(CN)_6^{4-}$ 和 $S_2O_3^{2-}$,即反应(R4-9)和反应(R4-10)。

早在 1904 年,Marshall[189] 提出在酸性条件下 H_2O_2 氧化 Tu 生成连硫脲 $[(NH_2)_2CSSC(NH_2)_2^{2+}, Tu_2^{2+}]$,消耗质子[反应(R4-11)],这表明在过氧化氢-亚硫酸盐反应体系中硫脲同样可以作为负反馈剂,从而使得过氧化氢-亚硫酸盐-硫脲反应体系产生大振幅的 pH 振荡行为。Gao 等[191-192] 提出硫脲在氧化过程中生成的中间产物大多会被进一步被氧化或者水解反应生成 HSO_3^-。因而该体系存在内源性和外源性两个质子正反馈,因此在 CSTR 中 H_2O_2-SO_3^{2-}-Tu 反应为两个正反馈一个负反馈的多反馈体系,这些反应相互耦合能产生复杂的 pH 振荡序列。但目前为止该体系的 pH 时空动力学行为还未研究。

$$H_2O_2 + Tu + 2H^+ \longrightarrow Tu_2^{2+} + 2H_2O \quad (R4\text{-}11)$$

本章首先在封闭体系中研究了 H_2O_2-SO_3^{2-}-Tu 反应体系的 pH 动力学行为,考察了各个反应物初始浓度对反应体系的动力学的依赖关系。然后在开放体系中探索了这一体系的 pH 振荡行为。最后,采用高效液相色谱法对反应过程中产生的中间产物进行追踪和鉴定,建立该体系的动力学模型,并通过数值模拟的方法来解释实验中的各种动力学现象。

4.1 封闭体系和开放体系实验结果

4.1.1 过氧化氢-亚硫酸盐-硫脲反应体系在封闭体系中的动力学行为

为了全面了解 H_2O_2-SO_3^{2-}-Tu 反应体系的动力学特征,首先在封闭反应器中探索了该体系的动力学特性,并同时考察了各反应物浓度及反应温度对反应体系动力学行为的影响。

在 $[H_2O_2]_0=25.0$ mmol/L、$[SO_3^{2-}]_0=14.0$ mmol/L、$[H_2SO_4]_0=0.25$ mmol/L、$T=20.0$ ℃、搅拌速率 $=500$ r/min 的反应条件下,不同 Tu 初始浓度 H_2O_2-SO_3^{2-}-Tu 反应体系的 pH 动力学曲线如图 4-1 所示。实验过程中,在 $[Tu]_0=0$ mmol/L 时,H_2O_2-SO_3^{2-} 反应体系呈现典型时钟反应曲线,体系经历一个短暂的诱导期后,pH 值迅速降低到 3,最终反应达到平衡,如图 4-1 曲线 1 所示。这一完整的自催化过程主要通过一个快速质子平衡反应(R4-12)和两个氧化还原反应(R4-6)和(R4-13)完成。

$$HSO_3^- \rightleftharpoons H^+ + SO_3^{2-} \quad \text{(R4-12)}$$

$$H_2O_2 + SO_3^{2-} \longrightarrow SO_4^{2-} + H_2O \quad \text{(R4-13)}$$

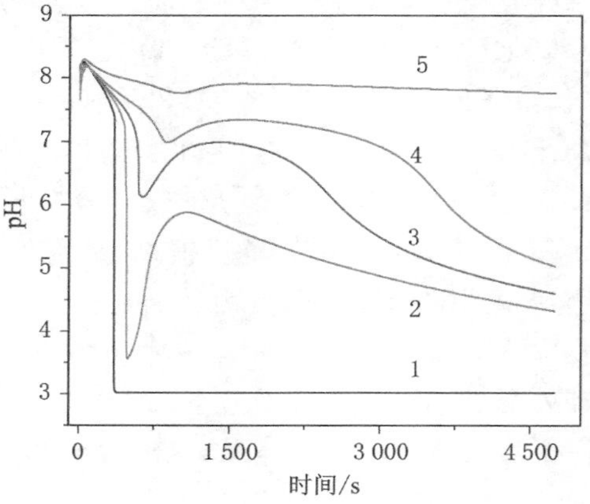

1—$[Tu]_0=0$ mmol/L;2—$[Tu]_0=2.0$ mmol/L;3—$[Tu]_0=3.0$ mmol/L;
4—$[Tu]_0=4.0$ mmol/L;5—$[Tu]_0=8.0$ mmol /L。

图 4-1 不同硫脲浓度条件下过氧化氢-亚硫酸盐-硫脲反应体系
在封闭反应器中 pH 动力学曲线

从图 4-1 曲线 2 可以看出，当向自催化反应体系中加入 2.0 mmol/L 硫脲时，pH 值下降到 3.5 附近时开始缓慢上升。当 pH 值达到 5.8 左右时，开始缓慢下降。这说明 Tu 的加入对这个体系起到了负反馈作用，消耗了自催化反应产生的质子。在质子浓度较高的条件下，Tu 首先被过量的 H_2O_2 氧化为一氧化硫脲[HOSC(NH)NH$_2$，TuO][反应(R4-14)]，TuO 又与 Tu 反应消耗质子生成 Tu_2^{2+}[反应(R4-15)]，但是随着质子的消耗，体系的 pH 值越来越高，Tu_2^{2+} 将不会稳定存在，自身发生水解的同时释放质子，所以体系的 pH 值在上升到 5.8 左右时开始下降。另外 TuO 又会通过反应(R4-16)的路径被继续氧化为二氧化硫脲[HO$_2$SC(NH)NH$_2$，TuO$_2$]和三氧化硫脲[HO$_3$SC(NH)NH$_2$，TuO$_3$]，最终氧化为 SO_4^{2-}，并缓慢释放质子，这使得 pH 值持续降低。由图 4-1 曲线 3 和曲线 4 可以看出，随着 Tu 初始浓度的增加反应(R4-14)产生的 TuO 相应增加，则需要的 H_2O_2 浓度也相应加，因此自催化反应(R4-6)由于 H_2O_2 浓度的降低，从而使产生的质子也相应减少，因此动力学曲线到达的最低 pH 值随着硫脲浓度的增加也逐渐提高。

$$H_2O_2 + Tu \longrightarrow TuO + H_2O \qquad (R4\text{-}14)$$

$$Tu + TuO + 2H^+ \rightleftharpoons Tu_2^{2+} + H_2O \qquad (R4\text{-}15)$$

$$TuO \xrightarrow{H_2O_2} TuO_2 \xrightarrow{H_2O_2} TuO_3 \xrightarrow{H_2O_2} SO_4^{2-} + OC(NH_2)_2 + 2H^+ \qquad (R4\text{-}16)$$

$$TuO_3 + H_2O \longrightarrow HSO_3^- + OC(NH_2)_2 + H^+ \qquad (R4\text{-}17)$$

在[H_2O_2] = 25.0 mmol/L、[Tu] = 3.0 mmol/L、[H_2SO_4] = 0.25 mmol/L、T = 20.0 ℃、搅拌速率 = 500 r/min 反应条件下，不同 SO_3^{2-} 初始浓度 H_2O_2-SO_3^{2-}-Tu 反应体系的 pH 动力学曲线如图 4-2 所示。图 4-2 中 SO_3^{2-} 初始浓度分别为 5.0 mmol/L，10.0 mmol/L，15.0 mmol/L，20.0 mmol/L 和 25.0 mmol/L。从图 4-2 各曲线中可以看出，随着 SO_3^{2-} 浓度的增加，pH 上升所能达到的最高值逐渐增加。当[H_2O_2]∶[SO_3^{2-}] < 1 时，pH 曲线基本保持一个特性。但是当[H_2O_2]∶[SO_3^{2-}] = 1 时，动力学曲线只显示自催化过程，即 pH 值下降到一定值后没有上升的过程，这是由于当比值等于 1 时，自催化反应过程将氧化剂全部消耗，随后的负反馈过程就不会发生，因此曲线只表现自催化生成质子的过程（图 4-2 曲线 5）。

在[H_2O_2] = 25.0 mmol/L、[Tu] = 3.0 mmol/L、[SO_3^{2-}] = 0.25 mmol/L、T = 20.0 ℃、搅拌速率 = 500 r/min 反应条件下，不同 H_2SO_4 初始浓度 H_2O_2-SO_3^{2-}-Tu 反应体系的 pH 动力学曲线如图 4-3 所示。图 4-3 曲线 1～曲线 4 中 H_2SO_4 初始浓度分别为 0.1 mmol/L，0.15 mmol/L，0.20 mmol/L 和 0.25 mmol/L。可以看出，随着 H_2SO_4 浓度的增加，pH 曲线到达的最低 pH 值逐渐

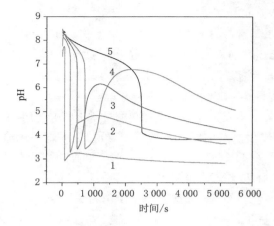

1—$[SO_3^{2-}]=5.0$ mmol/L；2—$[SO_3^{2-}]=10.0$ mmol/L；3—$[SO_3^{2-}]=15.0$ mmol/L；
4—$[SO_3^{2-}]=20.0$ mmol/L；5—$[SO_3^{2-}]=25.0$ mmol/L。

图 4-2　不同亚硫酸盐浓度下过氧化氢-亚硫酸盐-硫脲反应体系
在封闭反应器中 pH 动力学曲线

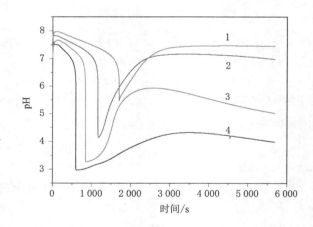

1—$[H_2SO_4]_0=0.1$ mmol/L；2—$[H_2SO_4]_0=0.15$ mmol/L；
3—$[H_2SO_4]_0=0.20$ mmol/L；4—$[H_2SO_4]_0=0.25$ mmol/L。

图 4-3　不同硫酸初始浓度下过氧化氢-亚硫酸盐-硫脲反应体系
在封闭反应器中 pH 动力学曲线

降低，达到的最高 pH 值也逐渐降低。这是由于在反应过程中，体系的质子产生依赖于自催化反应(R4-6)，而质子的消耗是由反应(R4-14)和反应(R4-15)正反应过程来实现的。当体系的初始质子浓度高时，在 SO_3^{2-} 和 Tu 的初始浓度都相同的情况下,初始质子浓度对 pH 曲线达到的最低 pH 值和最高 pH 值起着决定作用。另外,H_2SO_4 初始浓度除了对体系的最高 pH 值产生影响外,对反应的诱导期也有一定的影响。从图 4-3 中可以看出,随着 H_2SO_4 浓度的增加,反应诱导期逐渐缩短。这是由于对于自催化反应(R4-6)而言,其反应速率 $r_6 = k_6 [H_2O_2]_0 [HSO_3^-]_0 + k'_6 [H^+]_0 [H_2O_2]_0 [HSO_3^-]_0$[76],随着质子浓度的增加,反应(R4-6)的速度逐渐增加。因此,随着 H_2SO_4 浓度的增加,自催化反应逐渐加快,初始诱导期也相应缩短。

在 $[H_2O_2]=25.0$ mmol/L、$[Tu]=3.0$ mmol/L、$[SO_3^{2-}]=0.25$ mmol/L、搅拌速率=500 r/min、$[H_2SO_4]=0.25$ mmol/L 反应条件下,不同初始反应温度对 H_2O_2-SO_3^{2-}-Tu 反应体系的 pH 动力学曲线的影响如图 4-4 所示。其温度改变梯度为 5 ℃,图 4-4 各曲线的初始反应温度分别为 10.0 ℃,15.0 ℃,20.0 ℃,25.0 ℃和 30.0 ℃。从图 4-4 中可以看出。随着温度的降低,反应达到平衡的时间延长。当温度为 10.0 ℃时,pH 值下降到 6 附近需要大约 1 200 s,反应很缓慢,且平衡达到的 pH 值较高,如图 4-4 曲线 1 所示。温度增加到 15 ℃时,pH 值下降到 7 附近需要的时间较 10.0 ℃缩短 450 s,达到的最低 pH 值也相应降低,如图 4-4 曲线 2 所示。温度为 20～30 ℃反应更快,并且达到的最低 pH 值更低,如图 4-4 曲线 3 和曲线 4 所示。因此温度的变化对于 pH 值下降的速率以及达到的最大值均有影响,即温度对于整个反应过程中的自催化反应和负反馈反应都有显著的影响。

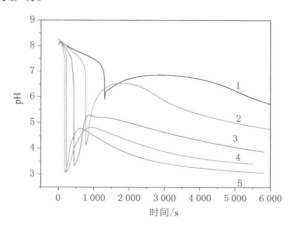

1—$T=10.0$ ℃;2—$T=15.0$ ℃;3—$T=20.0$ ℃;4—$T=25.0$ ℃;5—$T=30.0$ ℃。

图 4-4 不同温度条件下过氧化氢-亚硫酸盐-硫脲反应体系在封闭反应器中 pH 动力学曲线

在 $[H_2O_2]=25.0$ mmol/L、$[H_2SO_4]=0.30$ mmol/L、$T=20.0$ ℃、搅拌速率=500 r/min 反应条件下，不同 Tu 浓度下 H_2O_2-SO_3^{2-}-Tu 反应体系的 pH 动力学曲线如图 4-5 所示。从图 4-5 中可以看出，在酸性介质中过量的 H_2O_2 条件下，H_2O_2 氧化 Tu 反应同样表现为单峰振荡行为。在反应初期，H_2O_2 氧化 Tu 反应产生质子，使得 pH 值上升，随着反应的进行，Tu 被完全氧化，pH 值也达到最大值。随后是 Tu 氧化产物的继续氧化过程，这一过程会产生质子，使得体系的 pH 值继续降低。另外，随着 Tu 浓度的增加，曲线所达到的最高 pH 值也逐渐增加，这是由于 Tu 浓度越高越有利于反应(R4-14)和反应(R4-15)的进行，从而消耗更多的质子。这说明 H_2O_2-Tu 反应过程不仅包含消耗质子的过程还包含质子产生的过程，加入 SO_3^{2-} 时，体系会具有两个质子自催化反应，因此该反应体系为两个正反馈和一个负反馈的多反馈反应体系。

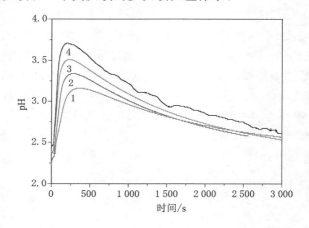

1—$[Tu]=2.0$ mmol/L；2—$[Tu]=4.0$ mmol/L；3—$[Tu]=6.0$ mmol/L；4—$[Tu]=8.0$ mmol/L。

图 4-5 不同硫脲条件下过氧化氢-硫脲反应在封闭体系中的 pH 动力学曲线

4.1.2 过氧化氢-亚硫酸盐-硫脲反应体系在开放体系中的动力学行为

早在 1987 年，Rábai 首次将 Tu 作为负反馈剂加入自催化反应 IO_3^--SO_3^{2-} 体系中，成功设计了一个新的 pH 振荡体系。Rábai[76]认为在酸性介质中 IO_3^- 氧化 Tu 反应能大量消耗质子，即反应(R4-18)，作为体系的负反馈反应。既然 Tu 在以 IO_3^- 为氧化剂的反应体系中可以作为负反馈剂引发大振幅振荡行为，那么在 H_2O_2-SO_3^{2-} 反应体系中应该也能充当负反馈剂，产生 pH 振荡行为，但是到目前为止还没有报道过。因此该部分实验目的是探索 H_2O_2-SO_3^{2-}-Tu 反应在 CSTR 的动力学现象。

$$IO_3^- + 6Tu + 6H^+ \longrightarrow 3Tu_2^{2+} + I^- + 3H_2O \qquad (R4-18)$$

前一部分在封闭体系中探索了各反应物初始浓度及温度对动力学曲线的影响,成功地得到了单峰振荡行为。这说明 H_2O_2 在酸性条件下氧化 Tu 反应可以有效地消耗质子,且在 CSTR 中合适的浓度和温度条件下体系可能会存在大振幅的 pH 振荡行为。该部分实验工作在封闭体系实验的基础上进一步探索了 CSTR 中的实验现象。实验过程中采用连续流动搅拌反应器,使得体系远离平衡态,重组单峰振荡行为,探索持续振荡行为出现的条件。实验过程中采用四通道精密蠕动泵连续进料,将 SO_3^{2-} 和 H_2SO_4 预混合后进入反应器,能够有效地防止局部酸化。另外,由于空气中 CO_2 溶解于水中产生 HCO_3^- 会消耗质子,起到负反馈的作用,从而影响实验结果,而水中溶解氧,会使得 SO_3^{2-} 产生自催化氧化反应而使得实验结果很难重复,所以在整个实验过程中反应液都需要采用 N_2 保护,防止空气中的 CO_2 和 O_2 对实验造成影响。

经过系统地实验研究,在 $[H_2O_2]_0 = 25.0$ mmol/L、$[SO_3^{2-}]_0 = 14.0$ mmol/L、$[H_2SO_4]_0 = 0.25$ mmol/L、$[Tu]_0 = 2.0$ mmol/L、$T = 25.0$ ℃ 初始条件下,当体系的流速调节到 7.4×10^{-4} s^{-1} 时,体系表现为衰减振荡行为,体系经历几个振荡周期后进入低 pH 值稳态。另外随着温度的增加,衰减振荡个数也逐渐增多。如图 4-6 所示,当体系的温度为 24.0 ℃ 时,衰减振荡的个数为 2[图 4-6(a)];当体系的温度为 25.0 ℃ 时,衰减振荡个数增加为 3[图 4-6(b)];当体系的温度增加为 26.0 ℃ 和 27.0 ℃ 时,体系的振荡个数开始成倍增加。当体系的温度为 27.0 ℃ 时,衰减振荡能持续大约 2 h。这说明反应温度对体系的 pH 振荡行为具有较大的影响,高温条件下有利于 pH 振荡的出现。当体系温度增加到 27.9 ℃ 时,体系出现大振幅的持续 pH 振荡行为,如图 4-7 所示。从图 4-7 中可以清楚地观察到在 pH 曲线上升过程中,pH 值在 5.5 附近会出现许多不规则的小振荡。原因是当体系的 pH 值大于 5 时,体系内反应产生的 Tu_2^{2+} 不能稳定存在,开始发生水解反应,即发生(R4-15)的逆反应,但是由于连续进料的缘故,体系的硫脲不断得到补偿,这又促进了(R4-15)正反应的发生。因此在 pH 为 5.5 附近出现的多个不规则的小振荡行为是可逆反应相互竞争引起的。

图 4-8 为 H_2O_2-SO_3^{2-}-Tu 反应体系在不同温度下的 pH 振荡曲线,从图中可以看出,随着温度的升高,pH 振荡动力学曲线的振幅基本不变,但振荡周期随着温度的增加而逐渐增长。另外,实验过程中考察了 pH 持续振荡出现的温度范围,发现这种持续振荡出现的温度范围极其狭窄,当 31.0 ℃ $< T <$ 27.0 ℃ 时均得不到持续的 pH 振荡行为,并且环境温度的波动对振荡行为影响也较大。因此在实验过程中必须严格控制进液温度,使得进液温度尽量与反应器中设定温度保持一致。

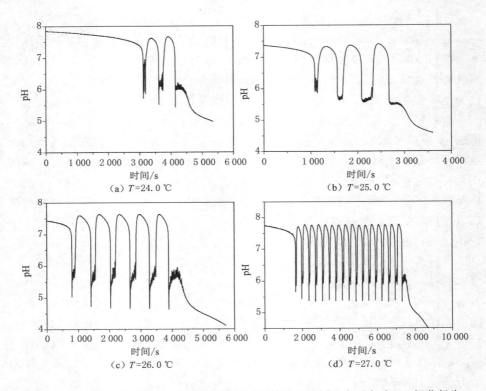

图 4-6 CSTR 中过氧化氢-亚硫酸盐-硫脲反应体系在不同温度下衰减 pH 振荡行为

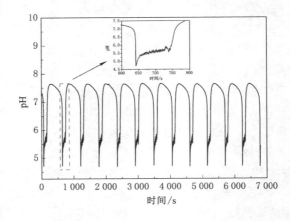

反应条件:$[H_2O_2]_0=25.0$ mmol/L,$[SO_3^{2-}]_0=14.0$ mmol/L,$[H_2SO_4]_0=0.25$ mmol/L,$[Tu]_0=2.0$ mmol/L,$T=27.9$ ℃,$k_0=8.3\times10^{-4}$ s^{-1},搅拌速率=800 r/min。

图 4-7 CSTR 中过氧化氢-亚硫酸盐-硫脲反应体系持续 pH 振荡行为

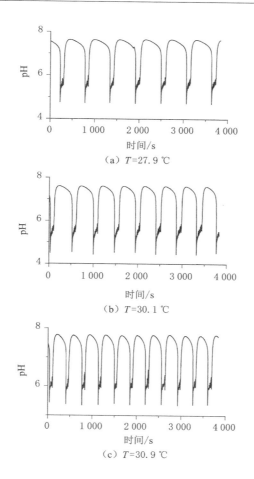

反应条件:$[H_2O_2]_0=25.0$ mmol/L,$[SO_3^{2-}]_0=14.0$ mmol/L,$[H_2SO_4]_0=0.25$ mmol/L,$[Tu]_0=2.0$ mmol/L,$k_0=8.3\times10^{-4}$ s^{-1},搅拌速率=800 r/min。

图 4-8 CSTR 中过氧化氢-亚硫酸盐-硫脲反应体系在不同温度下 pH 振荡曲线

在 CSTR 中得到稳定持续 pH 振荡出现的温度范围之后,实验过程中固定 H_2O_2 初始浓度和 SO_3^{2-} 初始浓度以及恒定反应温度,逐步改变 H_2SO_4 初始浓度以及 Tu 初始浓度与反应流速 k_0,得到了 H_2SO_4 初始浓度与 k_0 以及 Tu 与 k_0 反应状态相图,如图 4-9 和图 4-10 所示。图 4-9 为 H_2O_2-SO_3^{2-}-Tu 反应体系的 $([Tu]_0,k_0)$ 平面相图,从图中可以看出,当 $[H_2O_2]_0=25.0$ mmol/L、$[SO_3^{2-}]_0=14.0$ mmol/L、$[H_2SO_4]_0=0.25$ mmol/L、$T=28.0$ ℃、$[Tu]_0\leqslant 1.5$ mmol/L 时,体系在整个流速范围内均为低 pH 值稳态,此状态称为稳态 I。当 $[Tu]_0\geqslant$

3.5 mmol/L 时,体系在整个流速范围内均为高 pH 值稳态,为稳态Ⅱ。当 2.0 mmol/L≤[Tu]$_0$≤3.0 mmol/L 时,持续振荡只出现在极其狭窄的流速区间内,即 0.9×10^{-3} s^{-1}≤k_0≤1.2×10^{-3} s^{-1}。

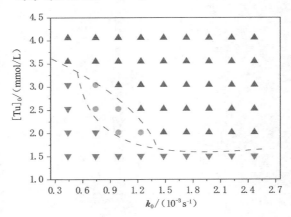

反应条件:[H$_2$O$_2$]$_0$=25.0 mmol/L,[SO$_3^{2-}$]$_0$=14.0 mmol/L,[H$_2$SO$_4$]$_0$=0.25 mmol/L, T=28.0 ℃,搅拌速率=800 r/min;▲高 pH 值稳态;●振荡态;▼低 pH 值稳态。

图 4-9　CSTR 中过氧化氢-亚硫酸盐-硫脲反应体系的([Tu]$_0$,k_0)平面相图

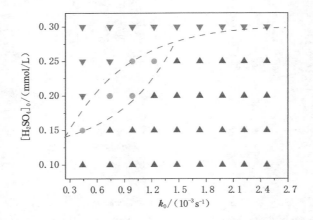

反应条件:[H$_2$O$_2$]$_0$=25.0 mmol/L,[SO$_3^{2-}$]$_0$=14.0 mmol/L,[Tu]$_0$=2.0 mmol/L,T=28.0 ℃, 搅拌速率=800 r/min;▲高 pH 值稳态;●振荡态;▼低 pH 值稳态。

图 4-10　CSTR 中过氧化氢-亚硫酸盐-硫脲反应体系的([H$_2$SO$_4$]$_0$,k_0)平面相图

图 4-10 为 H$_2$O$_2$-SO$_3^{2-}$-Tu 反应体系的([H$_2$SO$_4$]$_0$,k_0)平面相图,从图中可以看出,当[H$_2$O$_2$]$_0$=25.0 mmol/L、[SO$_3^{2-}$]$_0$=14.0 mmol/L、[Tu]$_0$=2.0

mmol/L、$T=28.0$ ℃时,$[H_2SO_4]_0 \leqslant 0.10$ mmol/L 时,体系在整个流速范围内均表现为稳态Ⅱ。当$[H_2SO_4]_0 \geqslant 0.3$ mmol/L 时,体系在整个流速范围内均表现为稳态Ⅰ。当 0.15 mmol/L$\leqslant[H_2SO_4]_0 \leqslant 0.25$ mmol/L 时,且流速 0.5×10^{-3} s$^{-1} \leqslant k_0 \leqslant 1.2\times10^{-3}$ s^{-1}时,体系出现持续的 pH 振荡行为。

4.2 过氧化氢-硫脲反应体系的成分测定

4.2.1 过氧化氢-硫脲反应体系高效液相色谱成分检测

为了能够从机理上解释 H_2O_2-SO_3^{2-}-Tu 反应体系在封闭体系和开放体系的一系列动力学现象,需要对体系的正负反馈过程进行系统分析,从而建立合理的动力学模型。而在建立模型之前,须确定反应过程中产生的关键成分和有关动力学反应过程。因此本节采用高效液相色谱法来在线监测 H_2O_2-Tu 反应产生的相关中间产物。

从封闭体系实验曲线和开放体系实验曲线可以看出,该反应体系的 pH 值变化范围为 3.0～8.0,因此实验过程中需要对这些 pH 值下反应出现的成分进行测定。本书采用高效液相色谱对 pH 值为 2、2.75、5 和 7.11 条件下 H_2O_2-Tu 反应的中间产物进行实时监测,在这些 pH 值检测的中间成分如表 4-1 所示。从表中可以看出,能长期稳定存在的中间成分主要为 TuO、TuO_2 和 TuO_3。而 Tu_2^{2+} 只有在 pH 值较低的条件下才能检测到。表 4-2 为不同 pH 值时 Tu_2^{2+} 的半衰期,当 pH>5 时,Tu_2^{2+} 半衰期小于 20 s,超出了高效液相色谱的检测限。因此 pH 值越高,Tu_2^{2+} 越不能稳定存在,所以在高 pH 值时 Tu_2^{2+} 不能稳定存在。

表 4-1 不同 pH 值下过氧化氢氧化硫脲中间产物

pH 值	Tu_2^{2+}	TuO	TuO_2	TuO_3
2.0	√	√	√	√
2.75	√	√	√	√
5.0	×	√	√	√
7.11	×	√	√	√

表 4-2 不同 pH 值条件下 Tu_2^{2+} 的半衰期[193]

pH 值	$k_0/(10^{-5}\ s^{-1})$	$t_{1/2}/s$
3.38	64.9	1 068
4.93	1 720	40
5.39	4 160	16
6.09	10 300	6.7
6.89	33 000	2.1
7.34	60 500	1.14
8.25	144 000	0.48

图 4-11 为高效液相色谱仪得到的 H_2O_2-Tu 反应在不同进样时间下的色谱图。图 4-11(a)为 pH＝2.0 时 H_2O_2 氧化 Tu 反应体系的色谱图，从图中可以看出，反应时间为 12 min 左右时，除了能检测到反应物 H_2O_2 和 Tu 的特征峰以外，还出现两个特征峰，根据保留时间的定性分析，初步判定该特征峰是属于 Tu_2^{2+} 和 TuO。随着反应的进行，在反应时间为 55 min 时，H_2O_2 和 Tu 的峰面积相应降低，在 H_2O_2 和 TuO 特征峰附近开始出现一个新的吸收峰，同样根据保留时间判定该特征峰为 TuO_2。TuO_3 在 pH＝2.0 的条件下要经过更长的时间才能形成，从图 4-11(a)可以看出，当反应时间为 1 483 min 时，Tu 已经完全消耗，TuO_2 的量逐渐增多。另外在保留时间约为 6.3 min 时，出现 TuO_3 的特征峰。图 4-11(b)为 pH＝5 时的色谱图，检测到的成分主要为 TuO、TuO_2 和 TuO_3。

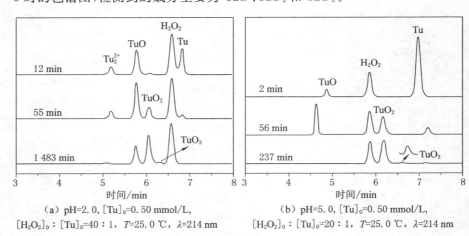

(a) pH=2.0, $[Tu]_0$=0.50 mmol/L, $[H_2O_2]_0:[Tu]_0$=40:1, T=25.0 ℃, λ=214 nm

(b) pH=5.0, $[Tu]_0$=0.50 mmol/L, $[H_2O_2]_0:[Tu]_0$=20:1, T=25.0 ℃, λ=214 nm

图 4-11 过氧化氢氧化硫脲反应体系在不同进样时间的色谱图

4.2.2 一氧化硫脲的测定及其氧化动力学分析

TuO 为 H_2O_2-Tu 反应体系的关键成分,但由于反应中存在相似的化合物,从而影响高效液相色谱中 TuO 的定量和定性的分析结果。为了排除这一因素,本实验通过高效液相色谱与质谱联用的方法,来确定 TuO 的存在。

在液质实验过程中,流动相采用甲醇:乙腈:水=6:26:68(体积百分含量),流速设定为 0.40 mL/min。图 4-12 为反应时间 2.0 min 的总离子电流色谱图和相应成分质谱图。从图 4-12(a)中可以看出,当反应时间为 2.0 min 时,主要表现为三个色谱峰,当扣除流动相从高效液相色谱的紫外光检测器流至

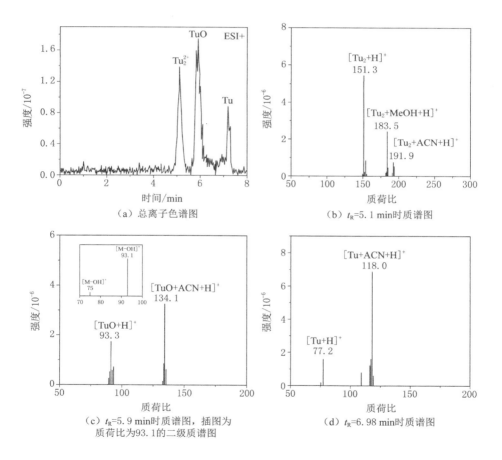

(a) 总离子色谱图

(b) t_R=5.1 min时质谱图

(c) t_R=5.9 min时质谱图,插图为质荷比为93.1的二级质谱图

(d) t_R=6.98 min时质谱图

初始反应条件:pH=2.0,$[Tu]_0$=0.50 mmol/L,$[H_2O_2]_0$:$[Tu]$=40:1,t=2.0 min,T=25.0 ℃。

图 4-12 过氧化氢-硫脲反应体系总离子电流色谱图和相应成分质谱图

ESI 离子源的时间,同时与紫外光检测器得到的结果相互匹配,可以判定这三个色谱峰从左到右依次是 Tu_2^{2+}、TuO 和 Tu。图 4-12(b)为保留时间为 5.1 min 对应成分的质谱图,其相应组分为 Tu_2^{2+},质荷比为 151.3,通过分析为[Tu_2＋H]$^+$ 的准分子的离子峰。另外,质荷比分别为 183.5 和 191.9 的分别为[Tu_2＋MeOH＋H]$^+$ 和[Tu_2＋ACN＋H]$^+$ 相应的离子峰。图 4-12(c)为保留时间为 5.9 min 对应成分的色谱图,其中图 4-12(c)中存在质荷比为 93.3 和 134.1 的离子峰,对质荷比为 93.3 的准分子离子峰进行二级质谱,产生一个质荷比为 75 的离子峰[图 4-12(c)插图],为该成分脱去一个 OH$^-$ 碎片后的离子峰,根据质荷比可以判定该保留时间的成分与紫外光检测器中的结果一致,从而确定该成分为 TuO。图 4-12(d)为保留时间为 6.98 min 对应成分的色谱图,质荷比为 77.2 和 118.0 的离子峰分别对应于[Tu＋H]$^+$ 和[Tu＋ACN＋H]$^+$ 两种成分的准离子峰。

图 4-13(a)为不同 pH 值时 TuO 浓度随时间变化的动力学曲线,对其峰面积(A)取对数可以得到 $\ln A$ 与反应时间 t 的线性关系,即 H_2O_2 氧化 TuO 的过程为准一级反应。高效液相色谱仪的定量实验中峰面积与浓度成正比,即 $A \propto c_{TuO}$,因此 $c_{TuO} = aA$。两边同时取对数,则 $\ln c_{TuO} = \ln a + \ln A$。另外 $\ln c_{TuO} = K[H_2O_2]t + b$,则有 $\ln A = K[H_2O_2]t + b - \ln a$。因此 $K[H_2O_2]$ 为图 4-13(b)的斜率,不同 pH 值下 $\ln A$-t 曲线斜率见表 4-3。

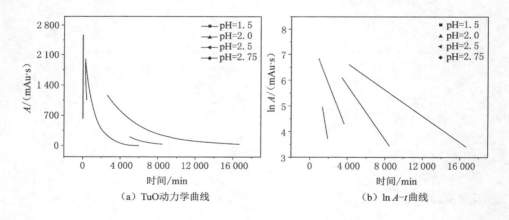

初始条件:[Tu]$_0$=0.50 mmol/L,[H_2O_2]$_0$=20.0 mmol/L,T=25.0 ℃。

图 4-13 过氧化氢-硫脲反应体系不同 pH 值下动力学曲线以及 $\ln A$-t 曲线

表 4-3 不同 pH 值下 ln A-t 曲线斜率

pH	c_{OH^-}/(mol/L)	斜率	K
1.5	3.1645×10^{-13}	4.29×10^{-6}	2.15×10^{-4}
2.0	1×10^{-12}	8.65×10^{-6}	4.33×10^{-4}
2.5	3.1645×10^{-12}	1.59×10^{-5}	7.95×10^{-4}
2.75	5.61797×10^{-12}	3.57×10^{-5}	1.79×10^{-3}

从表 4-3 可以看出,随着 pH 值的增加,K 值逐渐增大,即 TuO 的氧化随着 pH 值增加而加快,TuO 的氧化具有 pH 依赖性,因此 H_2O_2 氧化 TuO 的速率方程可以写为:

$$v = k[H_2O_2][TuO] + k'[H_2O_2][TuO][OH^-]$$

则 $K = k + k'[OH^-]$,对图 4-14 点进行线性拟合,得到 $K = 1.28684\times10^{-4} + 2.95908\times10^{-8}[OH^-]$,即 $k = 1.28684\times10^{-4}(mol/L)^{-1}s^{-1}$,$k' = 2.95908\times10^{-8}(mol/L)^{-2}s^{-1}$。

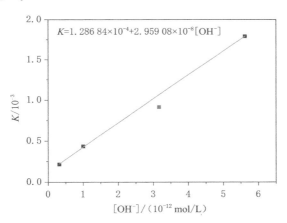

图 4-14 $[OH^-]$-K 关系曲线

4.3 过氧化氢-亚硫酸盐-硫脲反应体系机理模型和模拟结果

4.3.1 过氧化氢-亚硫酸盐-硫脲反应体系机理模型

H_2O_2-SO_3^{2-}-Tu 反应体系为典型的 pH 振荡体系,该体系产生振荡的核心

主要是存在 H_2O_2-SO_3^{2-} 自催化反应作为质子生成的正反馈,以及 H_2O_2-Tu 反应作为质子消耗的负反馈过程。表 4-4 列出了根据文献和实验结果得出的机理模型,其相应的反应速率方程如表 4-5 所示。该机理模型包括 10 步反应,其中 (M4-1) 和 (M4-2) 为 H_2O 和 HSO_3^- 的快速质子平衡反应机理。(M4-2) 和 (M4-3) 为质子自催化反应的主要反应机理,前人已经对其机理作了精细研究。根据对反应动力学过程的实验研究和文献报道的动力学机理,我们将 H_2O_2 氧化 Tu 反应的反应机理概括为 (M4-5)～(M4-10) 这 6 个反应过程。

表 4-4 过氧化氢-亚硫酸盐-硫脲反应体系的反应机理

序号	反应机理
M4-1	$H_2O \rightleftharpoons H^+ + OH^-$
M4-2	$HSO_3^- \rightleftharpoons H^+ + SO_3^{2-}$
M4-3	$H_2O_2 + HSO_3^- \longrightarrow SO_4^{2-} + H^+ + H_2O$
M4-4	$H_2O_2 + SO_3^{2-} \longrightarrow SO_4^{2-} + H_2O$
M4-5	$H_2O_2 + Tu \longrightarrow TuO + H_2O$
M4-6	$Tu + TuO + 2H^+ \rightleftharpoons Tu_2^{2+} + H_2O$
M4-7	$H_2O_2 + TuO \longrightarrow TuO_2 + H_2O$
M4-8	$H_2O_2 + TuO_2 \longrightarrow TuO_3 + H_2O$
M4-9	$H_2O_2 + TuO_3 \longrightarrow SO_4^{2-} + OC(NH_2)_2 + H_2O + H^+$
M4-10	$TuO_3 + H_2O \longrightarrow HSO_3^- + OC(NH_2)_2 + H^+$

表 4-5 过氧化氢-亚硫酸盐-硫脲反应体系的反应速率方程

序号	反应速率方程
M4-1	$v_1 = k_1[H_2O] = 0.001\ (mol/L)^{-1}s^{-1}, v_{-1} = k_{-1}[H^+][OH^-]$
M4-2	$v_2 = k_2[HSO_3^-], v_{-2} = k_{-2}[H^+][SO_3^{2-}]$
M4-3	$v_3 = k_3[H_2O_2][HSO_3^-] + k'_3[H^+][H_2O_2][HSO_3^-]$
M4-4	$v_4 = k_4[H_2O_2][SO_3^{2-}]$
M4-5	$v_5 = k_5[H_2O_2][Tu]$
M4-6	$v_6 = k_6[TuO][Tu] + k'_6[Tu][TuO][H^+], v_{-6} = k_{-6}[Tu_2^{2+}]$
M4-7	$v_7 = k_7[H_2O_2][TuO] + k'_7[H_2O_2][TuO][OH^-]$
M4-8	$v_8 = k_8[H_2O_2][TuO_2]$
M4-9	$v_9 = k_9[H_2O_2][TuO_3]$
M4-10	$v_{10} = k_{10}[TuO_3]$

H_2O_2 氧化 Tu 反应首先通过反应机理(M4-5)生成活性较高的 TuO,当 H_2O_2 过量时,TuO 主要通过两个途径来消耗。途径 I 是通过反应机理(M4-6)消耗质子生成 Tu_2^{2+},作为体系的负反馈过程。途径 II 是通过反应机理(M4-7)~(M4-9)被过量的过氧化氢进一步氧化生成最终产物 SO_4^{2-}。另外当 H_2O_2 消耗完全后,未反应的 TuO_3 会发生水解,生成 HSO_3^-,给体系引入内源性的质子自催化,同时也促进了体系的质子发生自催化反应。

4.3.2 过氧化氢-亚硫酸盐-硫脲反应体系模拟结果

表 4-5 和表 4-6 给出了反应机理(M4-1)~(M4-10)的反应速率方程式和速率常数,采用这个经验速率方程组来解释封闭体系的动力学行为。根据以上的反应模型写出封闭体系中各反应物以及中间产物的微分方程如下:

$$d[H]/dt = -v_3 - v_4 - v_5 - v_8 - v_9 - v_{10} \quad (E4-1)$$

$$d[Tu]/dt = -v_5 - v_6 + v_{-6} \quad (E4-2)$$

$$d[HSO_3^-]/dt = -v_2 + v_{-2} - v_3 + v_{10} \quad (E4-3)$$

$$d[SO_3^{2-}]/dt = v_2 - v_{-2} - v_4 \quad (E4-4)$$

$$d[TuO]/dt = v_5 - v_6 + v_{-6} - v_7 \quad (E4-5)$$

$$d[Tu_2^{2+}]/dt = v_6 - v_{-6} \quad (E4-6)$$

$$d[TuO_2]/dt = v_7 - v_8 \quad (E4-7)$$

$$d[TuO_3]/dt = v_8 - v_9 - v_{10} \quad (E4-8)$$

$$d[H]/dt = v_1 - v_{-1} + v_2 - v_{-2} + v_3 - 2v_6 + 2v_{-6} + 2v_9 + v_{10} \quad (E4-9)$$

$$pH = -\lg[H] \quad (E4-10)$$

表 4-6 模拟过程中速率常数

速率常数	参考文献
$k_{-1} = 5.0 \times 10^{11} (mol/L)^{-1} s^{-1}$	79
$k_2 = 3\,000 \ (mol/L)^{-1} s^{-1}$	79
$k_{-2} = 5.0 \times 10^{10} (mol/L)^{-2} s^{-1}$	79
$k_3 = 4 \ (mol/L)^{-1} s^{-1}$	79
$k'_3 = 1.0 \times 10^7 (mol/L)^{-2} s^{-1}$	79
$k_4 = 0.2 \ (mol/L)^{-1} s^{-1}$	79
$k_5 = 0.115 \ (mol/L)^{-1} s^{-1}$	拟合
$k_6 = 0.5 \ (mol/L)^{-1} s^{-1}$	拟合
$k'_6 = 1.3 \times 10^6 (mol/L)^{-2} s^{-1}$	拟合

表 4-6(续)

速率常数	参考文献
$k_{-6}=0.0011\ s^{-1}$	拟合
$k_7=1.28\times10^{-4}(mol/L)^{-1}s^{-1}$	拟合
$k'_7=1.092\times10^6(mol/L)^{-2}s^{-1}$	拟合
$k_8=0.0117\ s^{-1}$	191
$k_9=0.0227\ s^{-1}$	191
$k_{10}=9.1\times10^{-6}\ s^{-1}$	191

在模拟过程中我们采用 Berkeley Mandonna 软件对以上的微分方程式进行求解,可以得出各物质浓度随时间的变化曲线。模拟得到的封闭体系 pH 值随时间变化的动力学曲线如图 4-15 所示。模拟过程的反应速率常数一部分来自文献,对于未被报道的反应速率常数如反应(M4-5)和反应(M4-6)采用拟合的实验数值。图 4-15 曲线 1 为 H_2O_2-SO_3^{2-} 反应的动力学曲线,加入 Tu([Tu]$_0$=2 mmol/L)后其动力学曲线与实验过程的动力学特性基本一致(图 4-15 曲线 2),图 4-15 中插图为相同条件下的实验曲线,a′为封闭体系 H_2O_2 氧化 SO_3^{2-} 反应动力学曲线,b′为加入 Tu 后的动力学曲线。通过模拟曲线和实验曲线相对照,说明该动力学模型可以定性地解释 H_2O_2-SO_3^{2-}-Tu 反应体系在封闭体系中的动力学行为。采用表 4-6 的拟合参数对开放体系振荡行为进行数值模拟时,需加入流入和流出项来模拟,模拟结果如图 4-16 所示,其振荡曲线特征与实验

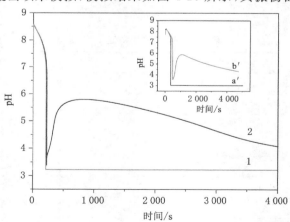

反应条件:$[H_2O_2]_0=25.0$ mmol/L,$[SO_3^{2-}]=14$ mmol/L,$[H_2SO_4]=0.5$ mmol/L。

图 4-15 封闭体系 pH-时间序列模拟结果

完全一致,其在 pH 值上升过程也出现了许多小振幅的小峰。从图 4-15 和图 4-16 可以看出,表 4-4 中的动力学模型可以很好地模拟 H_2O_2-SO_3^{2-}-Tu 反应体系在封闭体系和 CSTR 中的动力学特征,通过实验曲线和模拟曲线的对比充分地说明了该模型的合理性。

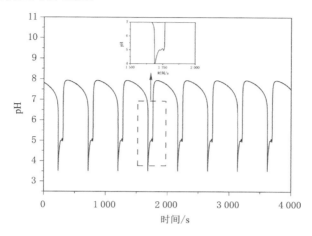

反应条件:$[H_2O_2]_0=25.0$ mmol/L,$[SO_3^{2-}]_0=14.0$ mmol/L,$[H_2SO_4]_0=0.25$ mmol/L,$[Tu]_0=2.0$ mmol/L,$k_0=8.33\times10^{-4}$ s^{-1}。

图 4-16 开放体系 pH-时间序列模拟结果

4.4 小结

本章以典型的 S(−Ⅱ)价化合物 Tu 作为负反馈剂,加入 H_2O_2-SO_3^{2-} 反应体系中,得到了一种新型的多反馈 pH 振荡器。实验主要从四个方面进行研究。

首先,采用封闭反应器对 H_2O_2-SO_3^{2-}-Tu 反应体系的动力学性质进行探索。实验过程中,分别改变各反应物浓度和反应温度来研究其反应动力学行为,发现当自催化反应体系加入 Tu 后,体系动力学曲线会出现质子消耗的过程,这说明 H_2O_2 氧化 Tu 可以作为负反馈反应来消耗反应生成的质子。

其次,通过封闭体系的实验摸索为开放体系选定合适的反应物配比范围以及反应温度条件,在此封闭反应实验的指导下进行了一系列的 CSTR 实验摸索,发现了持续稳定的大振幅的 pH 振荡行为。由于体系多个反馈的相互作用,体系的振荡曲线较为复杂,在 pH 值上升的过程中,会出现许多不规则的小峰。

再次,为了研究该多反馈 pH 振荡器的反应机理,采用高效液相色谱以及质谱对子反应 H_2O_2-Tu 的中间产物进行了追踪,发现在反应过程中主要存在 4 种重要的中间产物：TuO、Tu_2^{2+}、TuO_2 和 TuO_3。在确定这些物质存在后，加入自催化反应建立机理模型，提出了一个包含 10 步反应的机理模型，并从理论上确定该体系为多反馈反应体系，TuO 对体系的多反馈过程起到了至关重要的作用。它通过与 Tu 反应消耗质子起到负反馈作用，同时 TuO 被进一步氧化为 TuO_3，其水解能产生 HSO_3^-，给体系引入了新的正反馈。

最后，通过数学方法对这些机理模型进行模拟，利用模型对封闭体系的动力学进行拟合。随后，在封闭体系模型的基础上加入流动项，采用同样的速率常数，模拟出在 CSTR 中 pH 振荡行为。模拟结果和实验现象一致，这说明了上述机理模型具有一定的合理性。

5 过氧化氢-亚硫酸盐-硫代硫酸盐反应体系非线性时空动力学

非线性化学体系中出现的复杂动力学行为,往往都是由于内部反应的复杂性引起的,如体系存在多个正负反馈环,而这些多个正负反馈环的出现,又是建立在反应体系的氧化还原反应过程中各中间产物相互反应的基础上的。

与 Tu 类似,硫代硫酸盐($S_2O_3^{2-}$)也是一种典型的 S(—Ⅱ)价化合物,这类化合物在氧化过程中都会表现出十分丰富的非线性动力学行为。$S_2O_3^{2-}$ 中两个硫原子平均化合价为+2 价,容易发生歧化反应,常用于湿法冶金工艺,同时也有一定的医用价值。另外在非线性化学反应体系中,ClO_2^- 氧化 $S_2O_3^{2-}$ 反应在 CSTR 中,通过控制体系的反应温度或者进料流速,体系会发生复杂的混合模式分岔行为,即体系从 1^0 型振荡向 1^n 型转化,最后走向化学混沌[8]。与 ClO_2^- 为氧化剂的振荡体系不同的是以 H_2O_2 为氧化剂的反应体系大都为 pH 振荡体系,体系的 pH 值会发生有节律的振荡行为。在 H_2O_2 氧化 $S_2O_3^{2-}$ 反应体系中,如果加入微量的 Cu(Ⅱ)作为催化剂,体系会呈现更为复杂的分岔行为[52]。例如,我们采用温度作为控制参数,体系会从简单的振荡行为发生混合模式分岔,在混合模式分岔过程中会经历倍周期分岔行为,这些动力学行为都是由于该体系中存在多个正负反馈引起的[53]。

1999 年,Rábai 提出在无 Cu(Ⅱ)催化的 H_2O_2 氧化 $S_2O_3^{2-}$ 反应体系中加入亚硫酸盐,体系同样会出现大振幅的 pH 振荡行为[11,79]。同时该体系的倍周期的分岔行为也已经被深入地研究,体系的动力学行为会随着温度和流速的逐步改变发生从简单的振荡(P_1)到周期 2(P_2)、周期 4(P_4)和确定性混沌(chaos)的变化。为了解释这些复杂的动力学现象,Rábai 等提出了简单 8 步反应机理模型,他指出体系的倍周期分岔行为主要是由于体系内部存在多个正负反馈环,这也进一步说明 H_2O_2-SO_3^{2-}-$S_2O_3^{2-}$ 反应体系为一个复杂的多反馈 pH 振荡反应体系,应该会存在混合模式分岔行为,但是这一点至今未见报道。

本章以 H_2O_2-SO_3^{2-}-$S_2O_3^{2-}$ 反应体系为研究对象,研究多反馈体系复杂动力学行为。实验主要从模型分析和动力学预测、均相动力学行为探索和反应-扩散介质中的 pH 动力学行为研究三方面展开。

5.1 过氧化氢-亚硫酸盐-硫代硫酸盐反应体系均相动力学机理分析和混合模式分岔

5.1.1 过氧化氢-亚硫酸盐-硫代硫酸盐反应体系模型分析

H_2O_2-SO_3^{2-}-$S_2O_3^{2-}$ 反应体系的动力学模型如表 5-1 所示,该机理模型包含 6 步[(M5-1)~(M5-6)]氧化还原反应以及 2 步快速质子平衡反应[(M5-7)和(M5-8)]。

表 5-1 过氧化氢-亚硫酸盐-硫代硫酸盐反应体系动力学模型[79]

序号	反应机理
M5-1	$H_2O_2 + S_2O_3^{2-} \longrightarrow HOS_2O_3^- + OH^-$
M5-2	$H_2O_2 + HOS_2O_3^- \longrightarrow 2HSO_3^- + H^+$
M5-3	$S_2O_3^{2-} + HOS_2O_3^- \longrightarrow S_4O_6^{2-} + OH^-$
M5-4	$S_4O_6^{2-} + H_2O_2 \longrightarrow 2HOS_2O_3^-$
M5-5	$H_2O_2 + HSO_3^- \longrightarrow SO_4^{2-} + H_2O + H^+$
M5-6	$H_2O_2 + SO_3^{2-} \longrightarrow SO_4^{2-} + H_2O$
M5-7	$H_2O \rightleftharpoons OH^- + H^+$
M5-8	$HSO_3^- \rightleftharpoons SO_3^{2-} + H^+$

从表 5-1 中可以看出,H_2O_2-SO_3^{2-}-$S_2O_3^{2-}$ 反应体系中存在如下两个振荡环[1]。

振荡环Ⅰ:
$$S_2O_3^{2-} + HOS_2O_3^- \longrightarrow S_4O_6^{2-} + OH^- \qquad (M5\text{-}3)$$
$$H_2O_2 + HSO_3^- \longrightarrow SO_4^{2-} + H_2O + H^+ \qquad (M5\text{-}5)$$

振荡环Ⅱ:
$$H_2O_2 + HOS_2O_3^- \longrightarrow 2HSO_3^- + H^+ \qquad (M5\text{-}2)$$
$$S_2O_3^{2-} + HOS_2O_3^- \longrightarrow S_4O_6^{2-} + OH^- \qquad (M5\text{-}3)$$
$$S_4O_6^{2-} + H_2O_2 \longrightarrow 2HOS_2O_3^- \qquad (M5\text{-}4)$$
$$H_2O_2 + SO_3^{2-} \longrightarrow SO_4^{2-} + H_2O \qquad (M5\text{-}6)$$
$$H_2O \rightleftharpoons OH^- + H^+ \qquad (M5\text{-}7)$$
$$HSO_3^- \rightleftharpoons SO_3^{2-} + H^+ \qquad (M5\text{-}8)$$

其中振荡环Ⅰ是由反应机理(M5-3)和反应机理(M5-5)构成的,反应机理(M5-5)为自催化反应生成质子,反应机理(M5-3)为负反馈反应消耗质子。对于振荡环Ⅱ,反应机理(M5-3)和反应机理(M5-4)构成了一个重要的自催化环,(M5-3)+

(M5-4)构成了 $HOS_2O_3^-$ 自催化反应。另外，2(M5-3)+(M5-4)构成了另一个自催化反应，即 $S_4O_6^{2-}$ 自催化反应。反应机理(M5-2)和反应机理(M5-6)起负反馈作用，反应机理(M5-2)消耗自催化环产生的 $HOS_2O_3^-$，反应机理(M5-6)消耗 SO_3^{2-}，降低了反应机理(M5-8)的缓冲作用。另外，反应机理(M5-2)又生成 HSO_3^-，因此体系还存在流入的外源性质子正反馈和反应过程形成的内源性质子正反馈过程。

这些反馈环相互耦合使得体系的动力学现象更为复杂。另外在反应扩散体系中，这些正负反馈相互耦合，多个正反馈耦合的反应体系的时空动力学行为至今还未被研究。

5.1.2 过氧化氢-亚硫酸盐-硫代硫酸盐反应体系动力学行为模拟预测

在实验开始之前我们运用 Berkeley Madonna 软件对 H_2O_2-SO_3^{2-}-$S_2O_3^{2-}$ 反应体系的 CSTR 动力学行为进行了模拟预测。表 5-2 中给出了表 5-1 中的各步反应的速率方程，这些反应速率方程来都来自文献[79]。在已知 H_2O_2-SO_3^{2-}-$S_2O_3^{2-}$ 反应体系的动力学反应方程和各步速率方程的基础上，可以将此模型输入 Berkeley Madonna 软件中计算其 pH 值随时间的变化情况。模拟过程中初始反应各反应物浓度分别为：$[H_2O_2]_0=30.0$ mmol/L，$[SO_3^{2-}]_0=1.60$ mmol/L，$[S_2O_3^{2-}]_0=5.0$ mmol/L，$[H_2SO_4]_0=0.5$ mmol/L。模拟中各反应的速率常数如表 5-3 所示。通过计算发现，当体系的流速逐渐降低时，体系会出现混合模式分岔，如图 5-1 所示。当体系的流速 $k_0=1.236\times10^{-3}$ s^{-1} 时，体系表现简单的 1^0 型振荡[图 5-1(a)]。当 k_0 降低为 1.197×10^{-3} s^{-1} 时，出现 1^1 型振荡[图 5-1(b)]，即在 pH 值上升过程中出现一个小峰，这个小峰的个数随着流速的增加逐渐增多，如图 5-1(c)~(f)所示。随着流速的降低，体系最终进入混沌(chaos)[图 5-1(g)]。

表 5-2　过氧化氢-亚硫酸盐-硫代硫酸盐反应体系的反应速率方程[79]

序号	反应速率方程
M5-1	$v_1=k_1[H_2O_2][S_2O_3^{2-}]$
M5-2	$v_2=k_2[H_2O_2][HOS_2O_3^-]$
M5-3	$v_3=(k_3+k_3'[H^+])[S_2O_3^{2-}][HOS_2O_3^-]$
M5-4	$v_4=(k_4+k_4'[OH^-])[S_4O_6^{2-}][H_2O_2]$
M5-5	$v_5=(k_5+k_5'[H^+])[HSO_3^-][H_2O_2]$
M5-6	$v_6=k_6[SO_3^{2-}][H_2O_2]$
M5-7	$v_7=k_7[H_2O]$，$v_{-7}=k_{-7}[H^+][OH^-]$
M5-8	$v_8=k_8[HSO_3^-]$，$v_{-8}=k_{-8}[H^+][SO_3^{2-}]$

表 5-3　过氧化氢-亚硫酸盐-硫代硫酸盐反应体系模拟速率常数[79]

序号	速率常数
M5-1	$k_1=0.019\ (mol/L)^{-1}s^{-1}$
M5-2	$k_2=0.02\ (mol/L)^{-1}s^{-1}$
M5-3	$k_3=1\ (mol/L)^{-1}s^{-1}, k'_3=10^5(mol/L)^{-2}s^{-1}$
M5-4	$k_4=0.07\ (mol/L)^{-1}s^{-1}, k'_4=5\times10^4(mol/L)^{-2}s^{-1}$
M5-5	$k_5=7\ (mol/L)^{-1}s^{-1}, k'_5=1.48\times10^7(mol/L)^{-2}s^{-1}$
M5-6	$k_6=0.2\ (mol/L)^{-1}s^{-1}$
M5-7	$k_7[H_2O]=0.001\ (mol/L)^{-1}s^{-1}, k_{-7}=10^{-12}$
M5-8	$k_8=3\ 000\ s^{-1}, k_{-8}=5\times10^{10}(mol/L)^{-2}s^{-1}$

5.1.3　过氧化氢-亚硫酸盐-硫代硫酸盐反应体系 CSTR 中混合模式分岔实验结果

通过模拟计算发现,H_2O_2-SO_3^{2-}-$S_2O_3^{2-}$ 反应体系随着流速的逐渐变化会存在混合模式分岔,体系从 1^0 型振荡到 1^n 型振荡再到混沌,这对 CSTR 中混合模式振荡实验探索具有重要的指导意义。

实验过程中为了防止局部酸化对实验造成的影响,将 H_2SO_4、SO_3^{2-} 和 $S_2O_3^{2-}$ 混合配制,H_2O_2 单独配制,这样两种溶液在进入反应器前的 $pH_0>6.5$,能够有效地防止自催化反应随机的形成。另外,在配制溶液前,将所需二次水进行煮沸 2 h 后,持续通入氮气 2 h 以除去水中溶解的 O_2 和 CO_2。同时在实验过程中两反应液需要 N_2 保护,从而达到隔绝空气的目的。

经过大量的实验发现,当反应条件分别为:$[H_2O_2]_0=10$ mmol/L,$[SO_3^{2-}]_0=2.5$ mmol/L,$[S_2O_3^{2-}]_0=4$ mmol/L,$[H_2SO_4]_0=0.4$ mmol/L,$T=21.0$ ℃,搅拌速率$=800$ r/min 时,逐步降低流速,H_2O_2-SO_3^{2-}-$S_2O_3^{2-}$ 反应体系会出现混合模式分岔。当 $k_0=6.67\times10^{-4}$ s^{-1} 时,体系为简单的振荡行为,即 1^0 型振荡。振荡周期约为 2 min,如图 5-2(a)所示。流速降低为 6.0×10^{-4} s^{-1} 时,振荡周期增加,并且在 pH 值上升过程中会出现两个小峰,简单振荡直接转变为 1^2 型振荡[图 5-2(b)]。继续降低流速,1^2 型振荡变为 1^1 型振荡,且小峰的振幅也相应增加[图 5-2(c)]。

利用时间推迟法重构吸引子,分别对图 5-2 中 3 种模式的振荡进行分析,可以形象地观测到系统的动力学轨迹。分析过程中分别取各个振荡模式中的 3 个振荡的实验数据,推迟时间 τ 为 30 s,图 5-3(a)、(b)和(c)分别对应图 5-2(a)、(b)和(c)的吸引子轨迹图。从图中可以看出 1^0 型振荡的吸引子轨迹图为一个

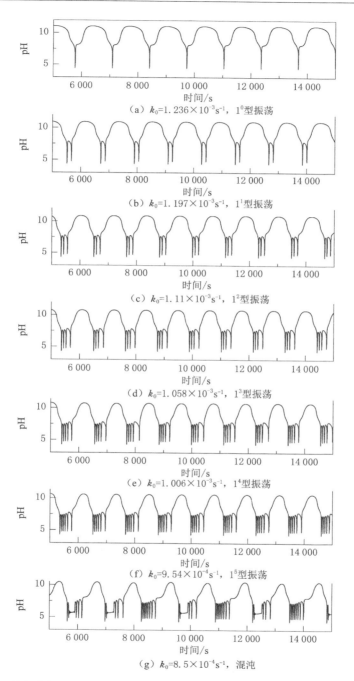

图 5-1 过氧化氢-亚硫酸盐-硫代硫酸盐反应体系 CSTR 复杂振荡行为模拟结果

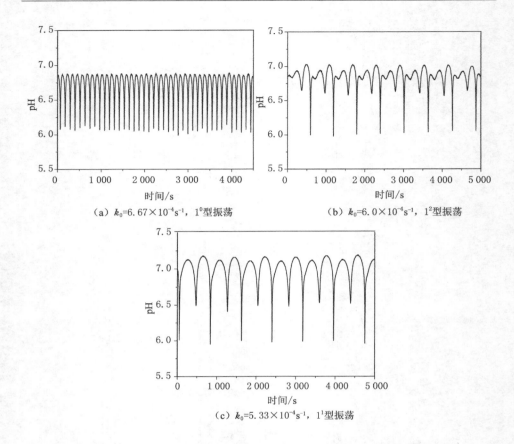

图 5-2 CSTR 中过氧化氢-亚硫酸盐-硫代硫酸盐体系混合模式振荡行为

简单的环面[图 5-3(a)]。若体系为混合模式振荡,即一个周期中振荡表现多重峰结构,其吸引子会存在多个环面。图 5-3(b)为 1^2 型吸引子的轨迹图,从图中可以看出,1^2 型振荡轨迹发生了明显改变,它由三个环面构成,其中两个小环分别对应于 1^2 型振荡中的两个小峰,大环对应于振荡序列的大峰。1^1 型振荡的吸引子轨迹为两个大环,分别对应于构成其振荡的大峰和小峰。

在实验过程中只能得到 1^1 型和 1^2 型的混合模式振荡行为,没有观察到更为复杂的振荡行为,这可能是由于这些复杂的振荡行为出现在极狭窄的参数区间内,实验过程中很难找到。该体系中存在多个反馈机制相互耦合,使得体系的动力学行为十分复杂且难以控制。另外实验结果和模拟预测的混合模式振荡在形状以及振幅上有一定的区别,这说明该体系的机理模型还有待进一步研究。

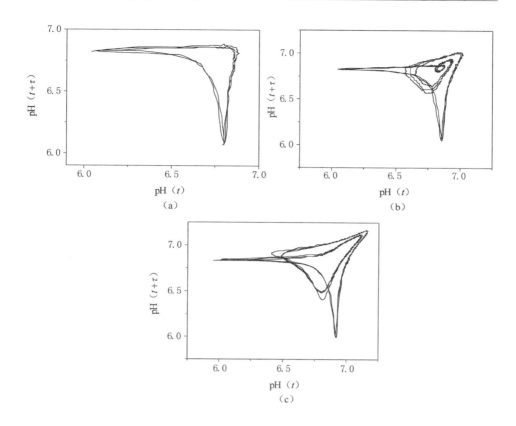

图 5-3　时间推迟方法($\tau=30$ s)重构图 5-2 中 1^0 型, 1^2 型和 1^1 振荡吸引子轨道

5.2　过氧化氢-亚硫酸盐-硫代硫酸盐反应体系的反应扩散动力学行为

前两节主要从理论分析和实验研究两方面研究了 CSTR 中 H_2O_2-SO_3^{2-}-$S_2O_3^{2-}$ 反应体系的多反馈动力学行为,发现该体系能表现复杂的混合模式振荡行为,这充分说明该体系中多反馈过程的存在。本节主要在反应扩散反应器即单边进料反应器(OSFR)中研究 H_2O_2-SO_3^{2-}-$S_2O_3^{2-}$ 反应体系的时空动力学行为。

实验过程中采用溴甲酚紫作为 pH 指示剂,其变色范围为 5.2(黄色)～6.8(紫色)。反应条件为:$[H_2O_2]_0 = 12.5$ mmol/L,$[SO_3^{2-}]_0 = 14.0$ mmol/L,$[S_2O_3^{2-}]_0 = 1.5$ mmol/L 和 $[H_2SO_4]_0 = 0.3$ mmol/L,$[PA]_0 = 0$ mmol/L,$T = 18.5$ ℃,反应器充满后,凝胶中初始状态为紫色,即高 pH 值稳定的 F 态[图 5-4(a)]。

3.3 min 后,从边缘产生黄色 pH 前沿[图 5-4(b)],随即前沿迅速向周围扩散[图 5-4(c)]。随着黄色的前沿扩散,自催化反应越来越快,在其他区域自发产生另一个前沿[图 5-4(d)],这两个前沿碰撞后融为一体并向凝胶边缘快速传播[图 5-4(e)和(f)],大约 20 min 后,凝胶完全变为低 pH 值稳定的 M 态[图 5-4(g)和(h)]。采用 Image pro plus 图像处理软件得到前沿波在 25 mm 盘面传播的波速为 0.635 mm/min。

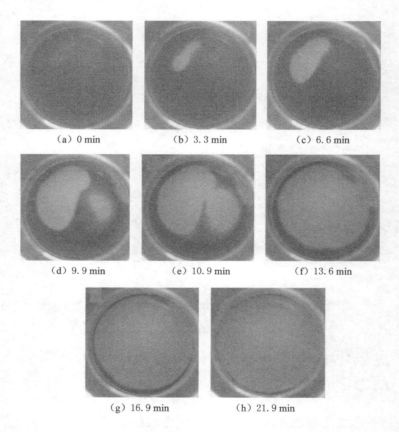

图 5-4 过氧化氢-亚硫酸盐-硫代硫酸盐反应扩散体系中的 pH 前沿波

由于氢离子的扩散较快,所以 pH 前沿传播较快。为了降低前沿的扩散速率,得到稳定的斑图,到目前为止,实验工作中主要有物理和化学两种方法。物理方法主要是利用反应物的极性差异,使得非极性分子在极性介质中的运输速率降低,这种方法已经成功地运用于 BZ 反应中,得到了静态的 Turing 斑图。化学方法主要是在反应体系中引入高分子化合物,降低自催化剂的扩散速率。

在pH调制的反应体系中,自催化剂主要为氢离子,可以加入大分子的聚丙烯酸钠(PA)来绑定质子,因为PA大分子含有—COO⁻官能团,它能通过(R5-1)质子平衡反应周期性绑定氢离子,从而有效地降低了氢离子在凝胶中的扩散速率。

$$H^+ + COO^- \rightleftharpoons COOH \tag{R5-1}$$

H_2O_2-SO_3^{2-}-$S_2O_3^{2-}$反应体系为pH振荡体系,自催化剂为质子,因此采用化学方法来降低质子的扩散速率,图5-5为在图5-4的条件下加入1.0 mmol/L聚丙烯酸钠,前沿波的传播速率逐渐减慢。当反应器充满后,凝胶初始状态为F态如图5-5(a)所示,20 min后,在凝胶的边缘附近产生pH前沿波,如图5-5(b)所示,120 min后凝胶介质完全演化为均匀的M态,前沿波的波速为0.13 mm/min,与图5-4相比前沿的速率明显降低。图5-6为沿着前沿传播的直径方向得到的时空图,横坐标为空间,纵坐标为时间,从时空图上可以看出前沿波的整个传播过程。图5-7为前沿波的传播速率与聚丙烯酸钠浓度的关系曲线,可以看出随着聚丙烯酸钠浓度的增加,质子被可逆性绑定,其pH前沿波的传播速率也随之降低。

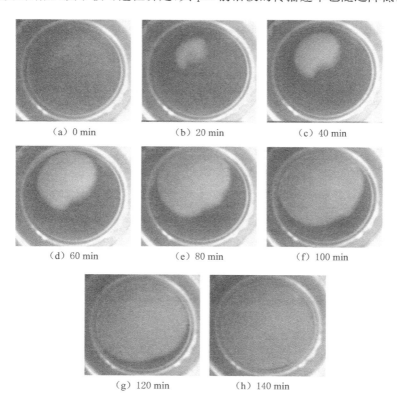

图5-5 过氧化氢-亚硫酸盐-硫代硫酸盐反应扩散体系中的pH前沿波

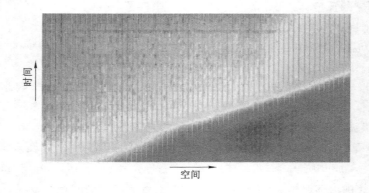

图 5-6　图 5-5 对应的时空图

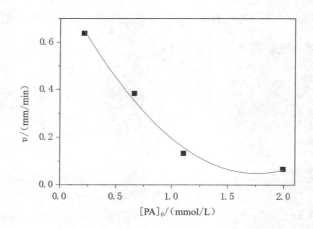

图 5-7　pH 前沿波波速 v 与聚丙烯酸钠浓度的关系曲线

当[PA]$_0$=2.5 mmol/L,在相同的实验条件下,pH 前沿波的传播速率非常慢,并出现前沿失稳的现象。从图 5-8(a)中可以看出,pH 前沿从边缘产生,在传播的过程中前沿中部开始向凝胶中心传播,而两边的前沿并未向前传播,如图 5-8(b),(c),(d)所示。由于聚丙烯酸钠的浓度远远高出质子浓度,自催化反应产生的质子增多,大大促进了反应(R5-1)的正反应,使前沿慢慢模糊,如图 5-8(e)和(f)所示。

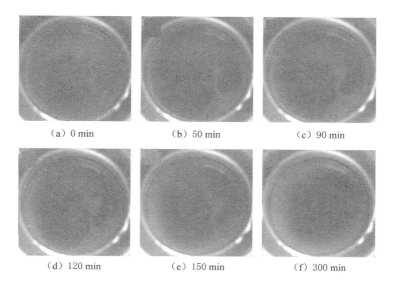

图 5-8 过氧化氢-亚硫酸盐-硫代硫酸盐反应扩散体系中的前沿波失稳

5.3 小结

本章在理论分析和实验探索两方面研究了 H_2O_2-SO_3^{2-}-$S_2O_3^{2-}$ 反应体系的多反馈机制及其时空动力学行为。实验过程中分别在 CSTR 和 OSFR 中研究了该体系在均相反应扩散体系以及反应扩散体系的一系列时空自组织行为。

通过对该体系的动力学机理分析,发现该体系不仅存在两个振荡环,还存在 H^+、$HOS_2O_3^-$ 和 $S_4O_6^{2-}$ 自催化反应。采用 Berkeley Madonna 软件对该体系的机理模型进行数值拟合,计算结果表明体系存在混合模式分岔行为,而至今实验过程中未发现这一分岔行为。因此,我们在 CSTR 中完成了一系列探索性实验。实验过程中采用流速作为控制参数,随着流速的降低,体系从简单的 1^0 型振荡逐步演化为 1^2 型和 1^1 型振荡。

在反应扩散体系中,体系多个反馈环的存在使得体系的动力学过程十分复杂并且难以控制。在实验过程中该反应体系只观察到 pH 前沿波并且前沿波的初始速率很快,这说明体系中的自催化反应占主导地位,而负反馈过程相对较弱,因此不能产生持续的 pH 波以及静态的 pH 斑图。在反应体系中加入大分子质子邦定剂 PA 可以有效地降低前沿波的传播速率。当 PA 浓度超出初始 H_2SO_4 浓度时,前沿波发生失稳,且前沿界面变得模糊。

6 过氧化氢-亚硫酸盐-亚铁氰化钾反应体系非线性时空动力学

H_2O_2-SO_3^{2-}-$Fe(CN)_6^{4-}$ 反应体系是 1989 年 Rábai 等人发现的[92]，该体系在 CSTR 中能够表现大振幅的 pH 振荡行为。酸性条件下，H_2O_2 氧化 $Fe(CN)_6^{4-}$ 能够有效地消耗质子，充当负反馈反应。

$$H_2O_2 + 2Fe(CN)_6^{4-} + 2H^+ \longrightarrow 2H_2O + 2Fe(CN)_6^{3-} \quad (R6\text{-}1)$$

另外在酸性条件下，过量的 H_2O_2 氧化 $Fe(CN)_6^{4-}$ 消耗质子生成 $Fe(CN)_6^{3-}$，体系 pH 值升高[反应(R6-1)]；高 pH 值时，H_2O_2 继续氧化 $Fe(CN)_6^{3-}$ 消耗 OH^-，体系的 pH 值降低[反应(R6-2)]，因此其子反应体系[H_2O_2-$Fe(CN)_6^{4-}$] 也能产生持续的 pH 振荡行为，但是该体系的自催化行为 OH·自催化[80]。该反应体系还具有光敏性，即光照对振荡反应的 OH·自催化反应具有促进作用。$Fe(CN)_6^{4-}$ 和 $Fe(CN)_6^{3-}$ 在光照射的条件下能够发生反应(R6-2)和反应(R6-3)，生成化学活性较高的五氰络合物 $Fe(CN)_5(H_2O)^{3-}$ 和 $Fe(CN)_5(H_2O)^{2-}$ [92]。因此 H_2O_2-SO_3^{2-}-$Fe(CN)_6^{4-}$ 反应体系不仅是一个多反馈耦合的体系，同时也是典型的光敏性的 pH 振荡反应体系。

$$2Fe(CN)_6^{3-} + H_2O_2 + 2OH^- \longrightarrow 2Fe(CN)_6^{4-} + 2H_2O + O_2 \quad (R6\text{-}2)$$

$$Fe(CN)_6^{4-} + H_2O \xrightarrow{h\nu} Fe(CN)_5(H_2O)^{3-} + CN^- \quad (R6\text{-}3)$$

$$Fe(CN)_6^{3-} + H_2O \xrightarrow{h\nu} Fe(CN)_5(H_2O)^{2-} + CN^- \quad (R6\text{-}4)$$

对于非线性化学体系动力学调控的方法有很多种，通常情况可以通过改变反应物浓度、反应温度以及供料的流速来实现对体系动力学的调控。而对于光敏性体系，光照同样可以作为一个简便易操作的手段来调控体系的动力学行为。实验过程中可以通过改变光的强度、光照时间和光照的波长来对光敏性体系进行深入研究。对于均相反应体系，在特定的条件下光照对体系的振荡行为具有促进或者抑制作用。在钌催化[$Ru(byp)_3^{2+}$]的 BZ 反应体系[194-195]、二氧化氯-碘离子-丙二酸(CDIMA)反应体系[196]中，光照对其均相振荡行为的频率[180]以及反应扩散动力学行为具有较大的影响，这类体系都属于非 pH 振荡体系。而对于 pH 光敏性反应体系——过氧化氢-亚硫酸盐-亚铁氰化钾反应体系，研究仅仅局限在辐照度对其时间序列的作用，主要研究内容为辐照度对反应振荡行为的抑制和促进作用[91]，而忽略了辐照度对振荡周期的影响。

6 过氧化氢-亚硫酸盐-亚铁氰化钾反应体系非线性时空动力学

本章研究了 H_2O_2-SO_3^{2-}-$Fe(CN)_6^{4-}$ 反应体系的非线性时空动力学行为。首先对其子反应体系的光敏性均相动力学行为进行了探索;其次为了进一步了解 H_2O_2-SO_3^{2-}-$Fe(CN)_6^{4-}$ 体系的均相动力学特征,本章还系统地考察了各反应物初始浓度和辐照度对体系分岔行为和振荡周期的影响,然后在反应-扩散介质中研究了该体系的时空斑图以及低 pH 值稳态的光响应性;最后通过建立模型来解释实验过程中的一系列现象。

6.1 过氧化氢-亚铁氰化钾反应体系均相动力学

在 H_2O_2-SO_3^{2-}-$Fe(CN)_6^{4-}$ 反应体系中,子反应体系 H_2O_2 氧化 SO_3^{2-} 反应在 CSRT 中也能表现出大振幅的 pH 行为,同时体系在高流速条件下表现低 pH 值稳态,低流速条件下表现高 pH 值稳态。在振荡过程中,当体系处于低 pH 值稳态时,H_2O_2 氧化 $Fe(CN)_6^{4-}$ 消耗质子,使得 pH 值升高[反应(R6-1)]。在碱性条件下,H_2O_2 会继续氧化 $Fe(CN)_6^{3-}$ 使得体系的 pH 值降低[反应(R6-2)],反应(R6-1)和反应(R6-2)交替进行,持续的 pH 行为才得以发生。

首先,研究了该子反应体系的动力学行为并测试了该体系的光敏性,这为其后 H_2O_2-SO_3^{2-}-$Fe(CN)_6^{4-}$ 反应体系的动力学研究提供了依据。图 6-1 为 H_2O_2-$Fe(CN)_6^{4-}$ 反应体系的 pH 振荡行为,在无光照的条件下,体系的 pH 振荡的振幅可以达到 2 个 pH 值,平均周期为 4.85 min。

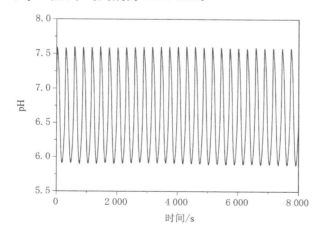

反应条件:$[H_2O_2]_0 = 25.0$ mmol/L,$[Fe(CN)_6^{4-}]_0 = 1.65$ mmol/L,$[H_2SO_4]_0 = 0.40$ mmol/L,$k_0 = 1.85 \times 10^{-3}$ s^{-1},$E = 0$,$T = 20.0$ ℃。

图 6-1 过氧化氢-亚铁氰化钾反应体系 pH 振荡曲线

光照对 pH 振荡行为具有抑制和促进作用,如图 6-2 和图 6-3 所示。在黑暗条件下,如果对反应体系施加 0.30 W/cm² 的紫外光照射,体系的振荡行为会被瞬间抑制,进入高 pH 值稳态。如果移去光源,则振荡行为会重新出现(图 6-2)。另外,当体系处于低 pH 值稳态时,利用紫外光进行扰动,当扰动时间为 20 s 时,体系出现一个单峰激发。扰动时间增强时,体系的激发性增加,扰动 80 s 时持续振荡行为开始出现(图 6-3),因此光照对该体系的振荡行为具有诱导和抑制行为。

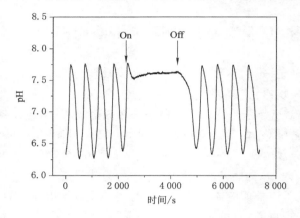

反应条件:$[H_2O_2]_0=25.0$ mmol/L,$[Fe(CN)_6^{4-}]_0=5.0$ mmol/L,$[H_2SO_4]_0=0.70$ mmol/L,$T=25.0$ ℃,$k_0=1.85\times10^{-3}$ s⁻¹。

图 6-2　持续光照条件下过氧化氢-亚铁氰化钾反应体系中光抑制振荡行为

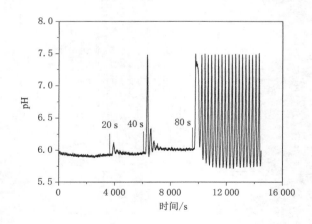

反应条件:$[H_2O_2]_0=25.0$ mmol/L,$[Fe(CN)_6^{4-}]_0=1.65$ mmol/L,$[H_2SO_4]_0=0.4$ mmol/L,$T=20.0$ ℃,$k_0=3.3\times10^{-3}$ s⁻¹。

图 6-3　光照条件下过氧化氢-亚铁氰化钾反应体系中诱导振荡行为

6.2 过氧化氢-亚硫酸盐-亚铁氰化钾反应体系均相动力学

6.2.1 过氧化氢-亚硫酸盐-亚铁氰化钾反应体系动力学状态对反应物初始浓度的依赖关系

为了系统地认识 H_2O_2-SO_3^{2-}-$Fe(CN)_6^{4-}$ 反应体系在 CSTR 中的各种动力学性质,同时为反应扩散体系中时空斑图的设计提供参数指导,实验过程中在固定 H_2O_2 初始浓度为 25.0 mmol/L 的条件下,考察了其余各反应物初始浓度和流速对反应体系动力学行为的影响。

实验过程中固定 H_2O_2 初始浓度为 25.0 mmol/L,SO_3^{2-} 初始浓度为 14.0 mmol/L,反应温度为 25.0 ℃,选取流速和亚铁氰化钾浓度为控制参数,找出了 $Fe(CN)_6^{4-}$ 浓度为 10.0 mmol/L 和 5.0 mmol/L 的振荡区间、高 pH 值和低 pH 值区间。由图 6-4 可以看出,当负反馈剂 $Fe(CN)_6^{4-}$ 浓度为 10.0 mmol/L,$[H_2SO_4]_0 \leqslant 0.4$ mmol/L 时,体系均为流动分支,反应程度较小,体系为高 pH 值稳态,体系无振荡行为;当 $[H_2SO_4]_0 \geqslant 0.5$ mmol/L 时,体系才能产生持续振荡行为;当 $[H_2SO_4]_0 = 0.5$ mmol/L 时,流速为 3.33×10^{-3} s^{-1} 时才能产生振荡,随着 $[H_2SO_4]_0$ 逐渐增加,振荡区间向低流速即高滞留时间移动,且高流速区间均为低 pH 值稳态。

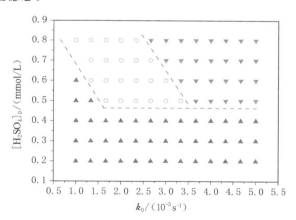

反应条件:$[H_2O_2]_0 = 25.0$ mmol/L,$[SO_3^{2-}]_0 = 14.0$ mmol/L,$[Fe(CN)_6^{4-}]_0 = 10.0$ mmol/L,$T = 25.0$ ℃,搅拌速率=800 r/min。▼—低 pH 值稳态;▲—高 pH 值稳态;○—振荡态。

图 6-4 CSTR 中过氧化氢-亚硫酸盐-亚铁氰化钾反应体系的 $([H_2SO_4]_0, k_0)$ 平面相图

图 6-5 为 Fe(CN)$_6^{4-}$ 浓度为 5.0 mmol/L 时的 ([H$_2$SO$_4$]$_0$, k_0) 平面相图,从图中可以看出负反馈作用较弱,体系发生振荡需要的 [H$_2$SO$_4$]$_0$ 相应降低,当 [H$_2$SO$_4$]$_0$ 范围为 0.3～0.7 mmol/L 时,体系在合适的流速区间都会产生 pH 振荡行为。[H$_2$SO$_4$]$_0$ 为 0.3 mmol/L 时,由于体系的酸度较低,在高流速时体系为高 pH 值稳态,当流速降低到 1.67×10^{-3} s^{-1} 时系统产生振荡。随着 [H$_2$SO$_4$]$_0$ 逐渐增加,振荡向低流速即高滞留时间移动,并且振荡区间逐渐减小。当 [H$_2$SO$_4$]$_0$ = 0.7 mmol/L 时,在极低的流速范围内才能产生振荡。通过对比图 6-4 和图 6-5 可以看出,体系的 Fe(CN)$_6^{4-}$ 和 H$_2$SO$_4$ 的初始浓度低对体系的动力学状态具有显著的影响。Fe(CN)$_6^{4-}$ 浓度较低时,体系的负反馈作用较弱,消耗质子的能力降低,因此低 H$_2$SO$_4$ 浓度有利于体系产生振荡行为。

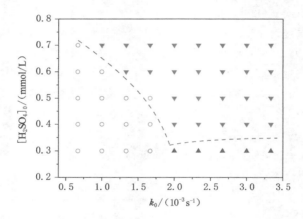

反应条件:[H$_2$O$_2$]$_0$=25.0 mmol/L,[SO$_3^{2-}$]$_0$=14.0 mmol/L,[Fe(CN)$_6^{4-}$]$_0$=5.0 mmol/L,T=25.0 ℃,搅拌速率=800 r/min。▼—低 pH 值稳态;▲—高 pH 值稳态;○—振荡态。

图 6-5 CSTR 中过氧化氢-亚硫酸盐-亚铁氰化钾反应体系的 ([H$_2$SO$_4$]$_0$, k_0) 平面相图

在无 SO$_3^{2-}$ 存在时,H$_2$O$_2$ 氧化 Fe(CN)$_6^{4-}$ 同样会产生 pH 振荡行为,而加入 SO$_3^{2-}$ 后,给体系带来新的反馈机制,即引入以下 4 步反应:

$$HSO_3^- \rightleftharpoons H^+ + SO_3^{2-} \tag{R6-5}$$

$$H_2O_2 + SO_3^{2-} \longrightarrow SO_4^{2-} + H_2O \tag{R6-6}$$

$$H_2O_2 + HSO_3^- \longrightarrow H^+ + SO_4^{2-} + H_2O \tag{R6-7}$$

$$SO_3^{2-} + 2Fe(CN)_6^{3-} + H_2O \longrightarrow 2Fe(CN)_6^{4-} + 2H^+ + SO_4^{2-} \tag{R6-8}$$

其中,反应(R6-5)为快速质子平衡反应,反应(R6-7)为质子自催化反应,可以作为 pH 振荡反应的正反馈反应。另外,在亚硫酸盐存在的反应体系中,还应该考虑 Fe(CN)$_6^{3-}$ 氧化 SO$_3^{2-}$ 反应(R6-8),这 4 步反应增强了体系的正反馈过程,因

此 SO_3^{2-} 浓度对体系动力学具有一定的影响。

图 6-6 为 H_2O_2-SO_3^{2-}-$Fe(CN)_6^{4-}$ 反应体系的 $([SO_3^{2-}]_0, k_0)$ 平面相图,从图中可以看出,随着 SO_3^{2-} 初始浓度的增加,振荡的流速区间逐渐增大。当 $[SO_3^{2-}]_0=0$ mmol/L 时,振荡流速区间为 $[1.98\times10^{-3}\ s^{-1}, 2.47\times10^{-3}\ s^{-1}]$,逐步增加 SO_3^{2-} 浓度到 9.0 mmol/L 时,振荡区间的最低流速和最高流速分别向左右移动。当 $[SO_3^{2-}]_0>9.0$ mmol/L 时,振荡的最大流速值开始向低流速区间移动。SO_3^{2-} 除了对体系的振荡区间有影响外,对振荡的周期和振幅也有相应的影响,从图 6-7 中可以看出,随着 SO_3^{2-} 浓度的降低,振荡的周期开始减小,频率加快,振荡的振幅也相应减少。图 6-8 中选取不同 $[SO_3^{2-}]$、相同流速条件下振荡曲线中 10 个振荡周期的平均值,得到了 SO_3^{2-} 初始浓度与振荡周期的关系曲线,从图中可以看出,随着 SO_3^{2-} 初始浓度的增加,振荡周期也随之增加。

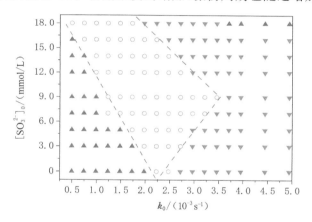

反应条件:$[H_2O_2]_0=25.0$ mmol/L,$[H_2SO_4]_0=0.60$ mmol/L,$[Fe(CN)_6^{4-}]_0=6.0$ mmol/L,$T=25.0$ ℃,搅拌速率 $=800$ r/min。▼—低 pH 值稳态;▲—高 pH 值稳态;○—振荡态。

图 6-6 CSTR 中过氧化氢-亚硫酸盐-亚铁氰化钾反应体系的 $([SO_3^{2-}]_0, k_0)$ 平面相图

6.2.2 过氧化氢-亚硫酸盐-亚铁氰化钾反应体系光照对均相动力学分岔行为影响

通过研究发现,H_2O_2-$Fe(CN)_6^{4-}$ 反应体系具有光响应性,光照存在时引发了 OH· 自催化行为,即体系引入新的负反馈反应,而在 H_2O_2-SO_3^{2-}-$Fe(CN)_6^{4-}$ 反应体系中该反应作为这个振荡反应体系的质子负反馈过程,光照存在时使得体系成为一个复杂的多反馈体系。本节主要研究 H_2O_2-SO_3^{2-}-$Fe(CN)_6^{4-}$ 反应体系在均相体系的光响应性。

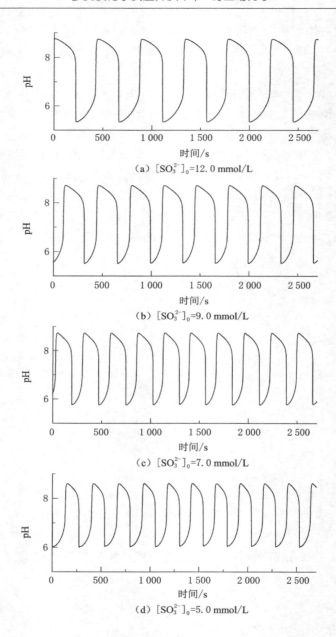

反应条件：$[H_2O_2]_0=25.0$ mmol/L，$[H_2SO_4]_0=0.60$ mmol/L，$[Fe(CN)_6^{4-}]_0=6.0$ mmol/L，$T=25.0$ ℃，搅拌速率$=800$ r/min，$k_0=2.5\times10^{-3}$ s^{-1}。

图 6-7 CSTR 中过氧化氢-亚硫酸盐-亚铁氰化钾反应体系在不同亚硫酸盐初始浓度下振荡曲线

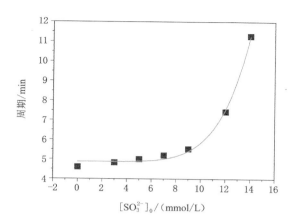

应条件：$[H_2O_2]_0 = 25.0$ mmol/L，$[H_2SO_4]_0 = 0.60$ mmol/L，$[Fe(CN)_6^{4-}]_0 = 6.0$ mmol/L，$T = 25.0$ ℃，$k_0 = 2.96 \times 10^{-3}$ s^{-1}，搅拌速率 $= 800$ r/min。

图 6-8 CSTR 中振荡周期与 $[SO_3^{2-}]_0$ 依赖关系

实验过程中固定各反应物初始浓度为 $[H_2O_2]_0 = 25.0$ mmol/L，$[H_2SO_4]_0 = 0.60$ mmol/L，$[Fe(CN)_6^{4-}]_0 = 6.0$ mmol/L，$[SO_3^{2-}]_0 = 7.0$ mmol/L，在无光照条件下 $k_0 = 3.58 \times 10^{-3}$ s^{-1} 时反应体系处于低 pH 值稳态[图 6-9(a)]，当辐照度增加到 0.307 mW/cm^2 时体系发生霍普夫分岔，产生持续的振荡行为[图 6-9(b)]，逐渐增加辐照度，振荡的频率越来越高。从图 6-9(c) 中可以看出，当辐照度为 0.770 mW/cm^2 时，相同时间内的振荡个数远远要大于辐照度为 0.307 mW/cm^2，当辐照度增加到 1.258 mW/cm^2 时，1 200 s 内振荡个数也相应增加[图 6-9(d)]。辐照度增加到 1.568 mW/cm^2 时，振荡被抑制进入高 pH 值稳态[图 6-9(e)]。图 6-10 定量地统计了各辐照度下振荡的周期，可以看出在振荡区间内振荡周期随辐照度的变化情况。在特定条件下，随着辐照度的逐渐增加，低 pH 值稳态首先发生霍普夫分岔进入振荡区间，振荡区间内随着辐照度的增加，振荡的周期越来越短，即频率逐渐增高。当辐照度 $E > 1.5$ mW/cm^2 时，振荡被抑制，周期变为 0 min。

另外，辐照度对反应体系的整体分岔行为也会造成影响。实验过程中固定各反应物初始浓度为 $[H_2O_2]_0 = 25.0$ mmol/L，$[SO_3^{2-}]_0 = 14.0$ mmol/L，$[H_2SO_4]_0 = 0.60$ mmol/L，$[Fe(CN)_6^{4-}]_0 = 6.0$ mmol/L，固定反应温度为 25.0 ℃，考察了不同辐照度对体系的分岔动力学行为。从图 6-11(a) 中可以看出，当辐照度为 0 mW/cm^2 时，即体系无任何光照的条件下，体系在高流速时表现为低 pH 值稳态，逐步降低流速，pH 值逐渐升高，当 $k_0 = 2.5 \times 10^{-3}$ s^{-1} 时，体系发生霍普

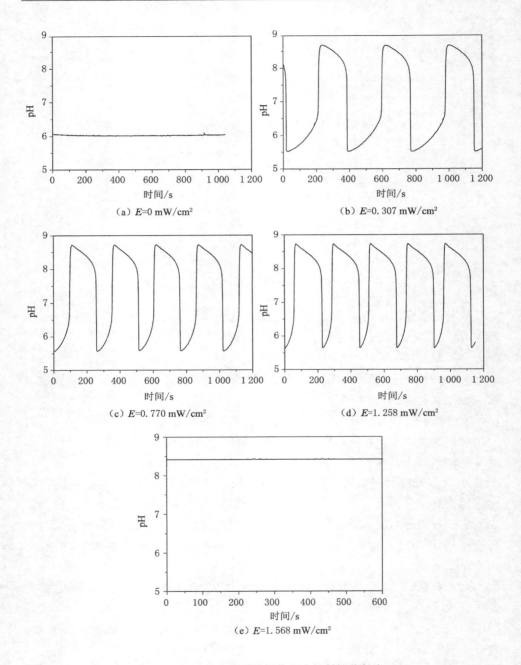

图 6-9 CSTR 中光诱导振荡和光抑制振荡行为

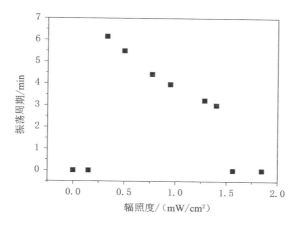

图 6-10　振荡周期与辐照度的关系

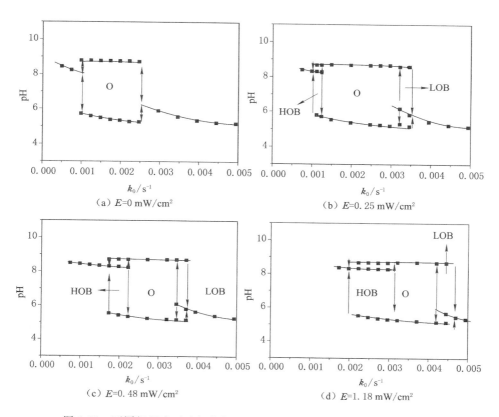

图 6-11　不同辐照度下过氧化氢-亚硫酸盐-亚铁氰化钾反应体系分岔图

夫分岔,产生大振幅的 pH 振荡行为。在辐照度为 0 mW/cm² 时,体系的振荡的流速区间为 $[2.5×10^{-3}\ s^{-1}, 9.87×10^{-4}\ s^{-1}]$。当 $k_0 < 9.87×10^{-4}\ s^{-1}$ 时,体系进入低 pH 值稳态。另外当体系进入低流速条件下高 pH 值稳态时,逐步升高流速,发现体系无滞后现象,即体系的霍普夫分岔为超临界分岔。从图 6-11(b)中可以看出,当体系在辐照度为 0.25 mW/cm² 的光照射下,$k_0 = 3.46×10^{-3}\ s^{-1}$ 时体系发生霍普夫分岔产生振荡行为,较无光照条件下,其霍普夫分岔行为开始向高流速区间移动。另外随着辐照度的增加,体系出现明显的滞后现象,即体系出现亚临界分岔,在低流速区间出现高 pH 值和振荡态的双稳态(HOB)以及在高流速区间出现低 pH 值和振荡态的双稳态(LOB)。随着辐照度的增加,HOB 区间逐渐变宽,而 LOB 区间变化不明显。从图 6-11(b),(c)和(d)中可以看出,辐照度的增加,体系的动力学分岔曲线整体向高流速区间移动,HOB 区间也逐渐拓宽,且体系的分岔行为从超临界分岔变为亚临界分岔。

6.3 过氧化氢-亚硫酸盐-亚铁氰化钾反应体系反应-扩散动力学

1952 年,英国科学家 Alan Turing 认为反应扩散对生物形态发生起着关键作用。然而由于在生物系统中细胞运动过程不仅包含反应-扩散反应过程,还包含其他物理过程如毛细力、表面张力和弹性力等,因此对于生物系统中反应-扩散斑图的研究十分困难。而在化学反应体系中,能够很好地避免这些物理作用的影响,得到纯粹的反应-扩散斑图。科学家先后在 CIMA 反应体系、FIS 反应体系中观察到时空振荡[133-134]、pH 脉冲波[17]、pH 斑点[15,131]、pH 迷宫[16]以及条纹 pH 斑图。

2011 年匈牙利科学家 Szalai 等发现在该体系中存在时空振荡以及静态的环状斑图[155-157],而他们并未在该体系中发现稳定的 pH 脉冲波、pH 斑点和条纹 pH 斑图,因此本节详细研究该反应体系中反应-扩散动力学行为。

目前为止,pH 斑图的研究还停留在系统的设计阶段,对于 pH 斑图的调控工作研究甚少。这主要是由于 pH 斑图都是在开放体系中形成的,调控手段比较单一,只能调节反应物的浓度来调控斑图的动力学。对于 H_2O_2-SO_3^{2-}-$Fe(CN)_6^{4-}$ 反应体系而言,该体系的光敏特性给体系带来了一种新型的调控方法,可以通过调控外界辐照度或者波长的手段来调控 pH 斑图。本著作系统地研究了 H_2O_2-SO_3^{2-}-$Fe(CN)_6^{4-}$ 反应在反应扩散体系中的 pH 斑图行为,并利用光照来调控反应扩散体系中的非线性动力学行为。

反应-扩散时空斑图通常是在开放的空间反应器中得到的,设计这种反应器的目的是可以通过新鲜反应物的流入补给和产物的流出,使得空间的每个点都远离热力学平衡态。图 6-12 为单边进料反应器(OSFR)的示意图,从图中可以看出这种反应器由两部分组成,反应物通过扩散进入凝胶中,在 pH 振荡反应体系中加入合适的指示剂,因此可以在凝胶中观察到斑图的演化。在过氧化氢-亚硫酸盐-亚铁氰化钾反应体系中采用溴甲酚紫(Bromcresol Purple,BCP)作为指示剂,变色 pH 范围为 5.8~6.2,采用 2% 的琼脂胶作为斑图形成的扩散介质。通过上节对过氧化氢-亚硫酸盐-亚铁氰化钾反应体系均相动力学的研究,在反应扩散实验中主要固定保留时间 $\tau(\tau=1/k_0)$ 为 300 s。由于该反应具有光敏性,因此在整个实验过程中将反应系统进行遮光,避免外界自然光对反应的影响,在实验过程中图像采集的辐照度主要通过一个数字控制器进行控制,辐照度通过光密度计进行采集。

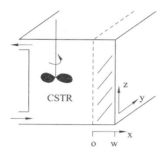

图 6-12　单边进料开放反应器的示意图[145]

6.3.1　过氧化氢-亚硫酸盐-亚铁氰化钾反应体系的化学脉冲波

反应扩散系统中反应物主要通过凝胶与 CSTR 中的物质扩散输运提供,为了使凝胶中的反应远离热力学平衡态,一般情况下要求 CSTR 内的反应程度很低,这往往需要很高的流速来保持体系处于流动分支。在反应扩散系统中加入 BCP 作为指示剂,通过颜色变化来观察反应-扩散体系 pH 动力学。BCP 在 pH <5.8 条件下为黄色,pH>6.2 时为紫色,这可以用于鉴别反应扩散体系的动力学状态,紫色表示凝胶处于高 pH 值稳态,说明凝胶处于 F 态,黄色表示凝胶处于低 pH 值稳态,此时体系处于 M 态。

通过实验发现,在反应扩散介质中,H_2O_2-SO_3^{2-}-$Fe(CN)_6^{4-}$ 反应体系可以在凝胶的不同位置自发产生脉冲波,且脉冲的传播方向与产生的起始位置有关。如果起始自激发点位于凝胶中间部分,则脉冲波为外传 pH 脉冲波,如图 6-13 所示。

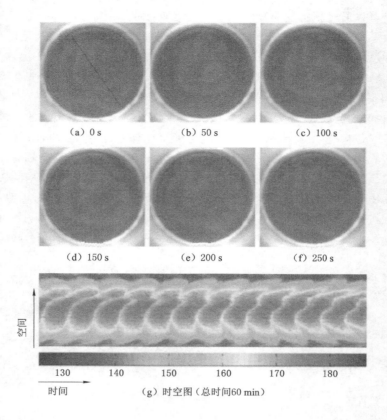

反应条件：$[H_2O_2]=25.0$ mmol/L，$[SO_3^{2-}]_0=14.0$ mmol/L，$[Fe(CN)_6^{4-}]_0=6.0$ mmol/L，$[H_2SO_4]_0=0.45$ mmol/L，$[BCP]_0=0.08$ mmol/L，$T=25.0$ ℃，$E=0.30$ mW/cm²。

图 6-13　过氧化氢-亚硫酸盐-亚铁氰化钾反应扩散系统中外传 pH 脉冲波

在图 6-13(a)中，脉冲波最初从中间开始产生[图 6-13(b)]，逐渐以环状向外传播[图 6-13(c)]，同时外围的脉冲波也同时在向凝胶边缘传播，当内圈的环状脉冲碰撞到前一个脉冲的波尾时环状的脉冲发生断裂，并与前一个波的波尾融合[图 6-13(d)和(e)]形成两个脉冲波[图 6-13(f)]。图 6-13(g)为图 6-13(a)黑线方向的时空图，其演化时间为 60 min，从图 6-13(g)中可以形象地看出化学波的传播方向。采用 Image Pro Plus 软件可以得到图 6-14(a)~(f)黑线方向不同时间的 RGB 值，其对应的 R 值分布如图 6-14(a)~(f)所示，从这个图中可以更直观地观察到脉冲波的演化情况。图中每一个小峰表示一个脉冲波，初始时存在三个峰[图 6-14(a)]，50 s 后中间的小峰慢慢向两边传播，并且距离越来越宽，左边和右边的峰也分别背向传递且在边界消失，如图 6-14(b)和(c)所示。

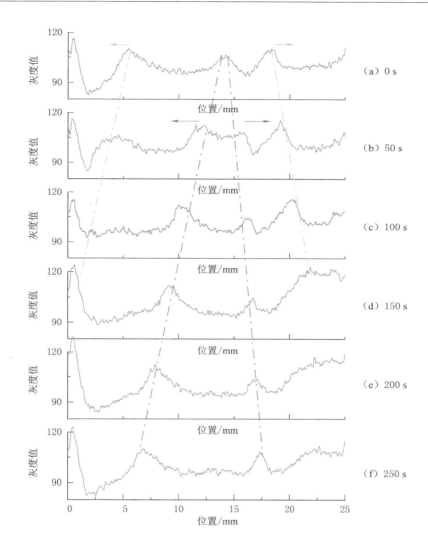

反应条件：$[H_2O_2]=25.0$ mmol/L，$[SO_3^{2-}]_0=14$ mmol/L，$[Fe(CN)_6^{4-}]_0=6$ mmol/L，$[H_2SO_4]_0=0.45$ mmol/L，$E=0.3$ mW/cm²，$T=25.0$ ℃。

图6-14 过氧化氢-亚硫酸盐-亚铁氰化钾反应-扩散系统中外传pH脉冲波的演化

图6-15为内传pH脉冲波，与外传pH脉冲波所不同的是内传pH脉冲从凝胶边缘开始形成[图6-15(a)]并向凝胶中心传播，从图6-15(b)中可以看出，在传播过程中脉冲波的波尾越来越宽，脉冲的环面越来越小[图6-15(c)]，最后融为一体，形成圆形的脉冲[图6-15(d)]，并且这个圆形的脉冲不断向中心收

缩,最终消失[图 6-15(e)～(f)]。图 6-15(g)为圆形凝胶直径空间上的时空演化图,与图 6-13(g)对比可以看出这两个脉冲波的传播方向相反。图 6-16(a)～(f)为图 6-15(a)～(f)对应的 R 值分布,可以真实地反映各个脉冲的传播方向,从图中可以看出,峰与峰的距离逐渐减小,最后相互湮灭回到最初的状态。

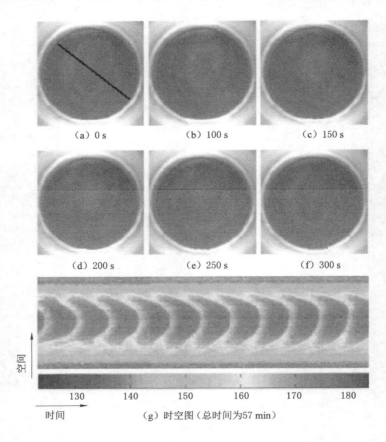

反应条件:$[H_2O_2]=25.0$ mmol/L,$[SO_3^{2-}]_0=14.0$ mmol/L,$[Fe(CN)_6^{4-}]_0=6.0$ mmol/L,$[H_2SO_4]_0=0.42$ mmol/L,$[BCP]_0=0.08$ mmol/L,$T=25.0$ ℃,$E=0.3$ mW/cm²。

图 6-15 过氧化氢-亚硫酸盐-亚铁氰化钾反应扩散系统中内传 pH 脉冲波

6.3.2 过氧化氢-亚硫酸盐-亚铁氰化钾反应体系的 pH 斑图

在 CSTR 中,各反应物具有相同的扩散速率。但是在反应扩散介质中,各个反应物是通过 CSTR 和凝胶之间的扩散输运进行物质交换的,因此凝胶中各反应物的浓度不仅与反应动力学有关,还与各反应物的有效扩散动力学有关,因

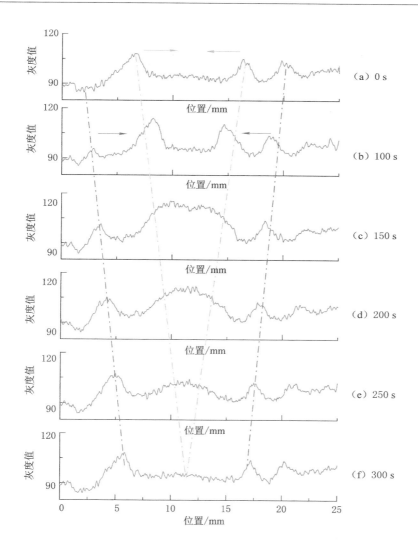

反应条件:$[H_2O_2]=25.0$ mmol/L,$[SO_3^{2-}]_0=14.0$ mmol/L,$[Fe(CN)_6^{4-}]_0=6.0$ mmol/L,$[H_2SO_4]_0=0.42$ mmol/L,$E=0.30$ mW/cm^2,$T=25.0$ ℃,$\tau=300$ s。

图 6-16 过氧化氢-亚硫酸盐-亚铁氰化钾反应-扩散系统中内传化学脉冲波的演化

此凝胶内的反应物的浓度可以用方程式(E6-1)表示,即

$$\frac{\partial c}{\partial t}=R(c)+D\nabla^2 c \tag{E6-1}$$

式中,$R(c)$为反应动力学项;D为各反应物对应的扩散系数。在反应扩散系统

中,各反应物扩散系数的差异,使得体系的自催化过程和自阻尼过程发生时间和空间尺度的分离,从而形成各种时空结构。当自催化剂的有效扩散系数远远小于抑制剂的扩散系数时,体系往往发生长程活化,这时体系容易产生行波;当自催化剂的扩散系数远远大于抑制剂的扩散系数时,体系会发生短程活化,体系容易产生静态的斑图[195]。

在 H_2O_2-SO_3^{2-}-$Fe(CN)_6^{4-}$ 反应扩散体系中,当$[Fe(CN)_6^{4-}]_0$=7.0 mmol/L, $[H_2SO_4]_0$=0.40 mmol/L 时,体系出现稳定的 pH 斑点。图 6-17 为 pH 斑点的演化过程。初始阶段,整个凝胶界面为 M 态[图 6-17(a)],9 min 后 M 态慢慢褪去,并在盘面留下斑点和条纹状的斑图[图 6-17(b)],这些斑点和条纹状的斑图慢慢地占满整个凝胶界面[图 6-17(c)],由于空间排布问题,M 态的各个斑点或

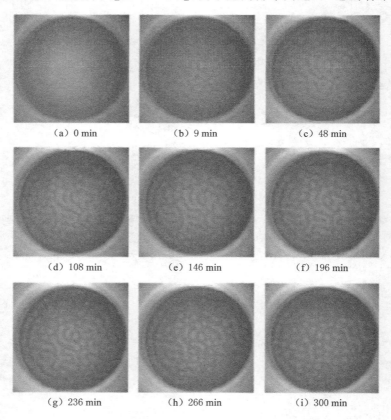

反应条件:$[H_2O_2]_0$=25.0 mmol/L,$[SO_3^{2-}]_0$=14.0 mmol/L,$[Fe(CN)_6^{4-}]_0$=7.0 mmol/L, $[H_2SO_4]_0$=0.40 mmol/L,T=25.0 ℃,τ=300 s。

图 6-17 过氧化氢-亚硫酸盐-亚铁氰化钾反应扩散系统中 pH 斑点的演化

者条纹状斑图之间距离很近时开始相互排斥,斑点和条纹开始收缩[图 6-17(d)~(e)]。另外条纹状斑图开始变细,并断开形成稳定的斑点,最后斑点布满整个凝胶界面[图 6-17(f)~(i)]。

当 $[Fe(CN)_6^{4-}]_0 = 5.0$ mmol/L, $[H_2SO_4]_0 = 0.40$ mmol/L 时,体系为稳定的 M 态,如图 6-18(a)所示。H_2SO_4 浓度降低为 0.36 mmol/L 时,均匀的 M 态边缘开始破缺[图 6-18(b)],体系出现两种前沿:一种是为生成质子的前沿,F 态向 M 态转化,即为(+)pH 前沿;另一种为消耗质子的前沿,M 态向 F 态转化,称作(−)pH 前沿。当体系的硫酸浓度降低时,这两种 pH 前沿相互作用,使得破缺的 pH 前沿表面发生失稳,形成锯齿状前沿[图 6-18(c)],在(−)pH 前沿的作用下,剩下的 M 态逐渐形成稳定的条纹状斑图[图 6-18(d)~(f)]。

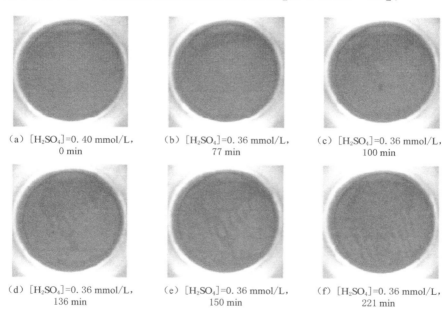

(a) $[H_2SO_4]=0.40$ mmol/L, 0 min
(b) $[H_2SO_4]=0.36$ mmol/L, 77 min
(c) $[H_2SO_4]=0.36$ mmol/L, 100 min
(d) $[H_2SO_4]=0.36$ mmol/L, 136 min
(e) $[H_2SO_4]=0.36$ mmol/L, 150 min
(f) $[H_2SO_4]=0.36$ mmol/L, 221 min

反应条件:$[H_2O_2]_0 = 25.0$ mmol/L, $[SO_3^{2-}]_0 = 14.0$ mmol/L, $[Fe(CN)_6^{4-}]_0 = 5.0$ mmol/L, $T = 25.0$ ℃, $\tau = 300$ s。

图 6-18 过氧化氢-亚硫酸盐-亚铁氰化钾反应扩散系统中 pH 斑图的演化

6.3.3 过氧化氢-亚硫酸盐-亚铁氰化钾反应体系的 pH 斑图的记忆性

在激发的或者振荡的反应扩散介质中,斑图和行波同样能进行信息处理的任务,如逻辑运算[196]、信号传输[197]和在迷宫中寻找最短路径[198]。Kuhnert 等发现光敏性 BZ 系统有短时间内存储人像的能力[195],BZ-AOT 反应系统中的图像存储能力能持续数小时[200]。迄今为止,pH 调制的反应-扩散系统斑图的性质无人研究。

为了进一步研究 pH 斑图的性质,我们在斑图形成的过程中改变外界的反应条件,即增加硫酸的浓度,使得 CSTR 中反应液的动力学状态从高 pH 值稳态进入振荡态。如图 6-19(a)所示,在$[H_2SO_4]_0 = 0.45$ mmol/L 时,CSTR 中反应液的动力学状态为高 pH 值稳态,即流动分支,在凝胶介质中体系通过前沿相互作用形成条纹状斑图。在反应过程中将$[H_2SO_4]_0$增加到 0.50 mmol/L,CSTR 中反应液动力学状态瞬间变为振荡态。由于振荡的发生,扩散输运给凝胶介质的反应液初始浓度瞬时变化,凝胶界面中斑图快速消失,与 CSTR 中的动力学

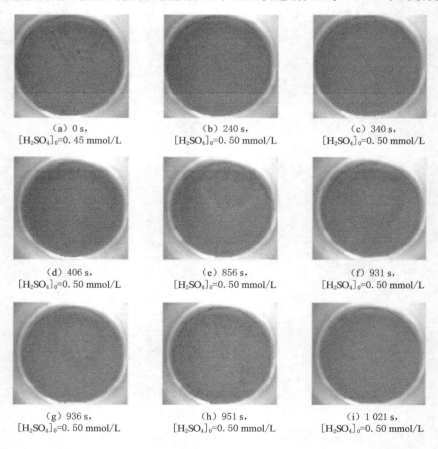

(a) 0 s, $[H_2SO_4]_0 = 0.45$ mmol/L
(b) 240 s, $[H_2SO_4]_0 = 0.50$ mmol/L
(c) 340 s, $[H_2SO_4]_0 = 0.50$ mmol/L
(d) 406 s, $[H_2SO_4]_0 = 0.50$ mmol/L
(e) 856 s, $[H_2SO_4]_0 = 0.50$ mmol/L
(f) 931 s, $[H_2SO_4]_0 = 0.50$ mmol/L
(g) 936 s, $[H_2SO_4]_0 = 0.50$ mmol/L
(h) 951 s, $[H_2SO_4]_0 = 0.50$ mmol/L
(i) 1 021 s, $[H_2SO_4]_0 = 0.50$ mmol/L

反应条件:$[H_2O_2]_0 = 25.0$ mmol/L,$[SO_3^{2-}]_0 = 14.0$ mmol/L,$[Fe(CN)_6^{4-}]_0 = 7.0$ mmol/L,$T = 25.0$ ℃,$\tau = 300$ s。

图 6-19 过氧化氢-亚硫酸盐-亚铁氰化钾反应-扩散系统中 pH 斑图的演化

行为同步,如图 6-19(b)所示。当 pH 值到达最低点时,凝胶整个变为黄色[图 6-19(c)],开始与振荡同步。振荡达到最低值后,pH 值慢慢上升,上升到最高值时,凝胶变为紫色[图 6-19(d)]。图 6-20 的 b 点到 i 点为图 6-19 中(b)~(i)各图所对应的 CSTR 中反应液的动力学状态。从图 6-20 中可以看出,当 pH 值到达最高值后开始缓慢下降,当 pH 值降低到 8.3 左右时,凝胶的状态发生改变,体系产生(+)pH 前沿,当前沿到达初始斑图形成的局部区域时,开始沿着斑图形成的形状传播(图 6-20 的 e 点),最后演化为初始的状态(图 6-20 的 f 点到 h 点)。但是随着振荡再次到达低 pH 值时,凝胶又与 CSTR 发生同步,进入低 pH 值稳态(图 6-20 的 i 点)。随着振荡的持续进行,图 6-20 的 c 点到 i 点周期性地出现,并且能持续数小时。这说明当外界条件发生变化时,反应-扩散介质能保留其局部动力学状态,并在合适的条件下重现,即说明 pH 斑图同样具有信息存储的性质。

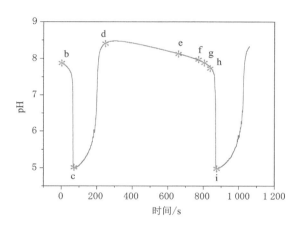

图 6-20　图 6-19(b)~(i)对应状态图

6.4　过氧化氢-亚硫酸盐-亚铁氰化钾反应体系光扰响应动力学

前面我们已经研究了辐照度对 H_2O_2-SO_3^{2-}-$Fe(CN)_6^{4-}$ 反应体系动力学的影响,增加辐照度既可以促进振荡行为的发生,也可以抑制振荡行为。本节主要研究光扰动对该体系的低 pH 值稳态的影响。实验分别研究了均相 H_2O_2-$Fe(CN)_6^{4-}$ 反应体系和 H_2O_2-SO_3^{2-}-$Fe(CN)_6^{4-}$ 反应体系的低 pH 值稳态对紫外光扰动的响应性以及在反应扩散体系中 H_2O_2-SO_3^{2-}-$Fe(CN)_6^{4-}$ 的 M 稳态对紫外光扰动的响应性。

6.4.1 均相系统中过氧化氢-亚硫酸盐-亚铁氰化钾反应体系对紫外光扰动的响应性

实验过程中首先研究了子反应体系 H_2O_2-$Fe(CN)_6^{4-}$ 和 H_2O_2-SO_3^{2-}-$Fe(CN)_6^{4-}$ 反应体系中低 pH 值稳态的光响应性。当 $[H_2O_2]_0=25.0$ mmol/L,$[Fe(CN)_6^{4-}]_0=1.65$ mmol/L,$[H_2SO_4]_0=0.40$ mmol/L,滞留时间为 300 s 时,体系为低 pH 值稳态,pH 值在 5.25 左右,如图 6-21 曲线 1 所示。利用 0.3 mW/cm² 的紫外光进行照射扰动,照射 20 s 后,低 pH 值稳态被激发,反应体系呈现单个脉冲的响应,但由于照射扰动的时间较短,激发响应幅度较小,如图 6-21 曲线 2 所示。增加扰动时间分别持续 30 s 和 70 s 后(图 6-21 曲线 3 和曲线 4),激发的幅度也相应增加。当照射时间增加到 120 s 时,体系会出现二次激发,即一个大峰后面跟着一个较小幅度的小峰,如图 6-21 曲线 5 所示。

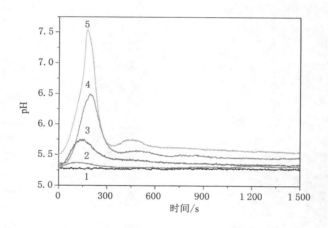

图 6-21 过氧化氢-亚铁氰化钾反应体系中紫外光扰动的时间曲线

图 6-22 为 H_2O_2-SO_3^{2-}-$Fe(CN)_6^{4-}$ 反应体系中紫外光扰动的动力学曲线,实验过程中采用紫外光分别扰动 40 s、80 s 和 120 s。扰动时间较短时,体系的响应振幅越小。当扰动时间增加到 120 s 时,体系的响应振幅达到最大,同时出现二次激发,但在均相体系中二次激发的振幅较小,最终还是恢复到初始的低 pH 值稳态。从图 6-21 和图 6-22 可以看出,在均相体系中采用紫外光对反应体系低 pH 值稳态进行扰动时,体系会产生脉冲式的响应,响应方式依赖外界扰动光源照射的时间,照射时间较短时,体系的激发性较弱,只表现单脉

冲式响应。照射时间足够长时，体系会出现二次激发，产生两个脉冲式的响应过程。

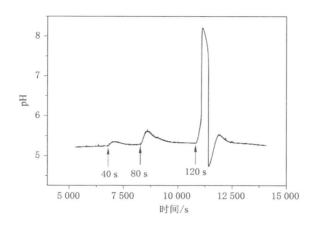

图 6-22 过氧化氢-亚硫酸盐-亚铁氰化钾反应体系中紫外光扰动的时间曲线

6.4.2 反应-扩散系统中过氧化氢-亚硫酸盐-亚铁氰化钾反应对紫外光扰动的响应性

前面我们主要考察了均相体系中 H_2O_2-SO_3^{2-}-$Fe(CN)_6^{4-}$ 反应体系对紫外光扰动的响应性，而在反应扩散系统中，由于扩散的存在，体系的响应方式应该与均相的响应方式不同。因此本小节着重考察了反应扩散介质中，体系 M 态对紫外光扰动的响应方式。

在实验过程中固定 H_2O_2、SO_3^{2-} 以及 $Fe(CN)_6^{4-}$ 初始浓度分别为 25.0 mmol/L，14.0 mmol/L 和 6.0 mmol/L，实验发现当 H_2SO_4 初始浓度为 0.30~0.48 mmol/L 时，体系为稳定的低 pH 值稳态，即 M 态，分别对不同 H_2SO_4 初始浓度条件下进行紫外光扰动。考察扰动时间和硫酸初始浓度对 M 态响应时间的影响。

当 H_2SO_4 初始浓度为 0.48 mmol/L 时，体系初始状态为稳定的 M 态，即凝胶介质为低 pH 值稳态，如图 6-23(a)所示。当紫外光照射 10 s 时，凝胶中 pH 值升高，整个凝胶迅速变为紫色，初始 M 态演变为 F 态，如图 6-23(b)和(c)所示。750 s 后，(+)pH 前沿从凝胶的边缘产生，并迅速向圆盘中间传播，900 s 后，体系回复到初始的 M 态，如图 6-23(d)~(f)。图 6-23(g)为相应的时空图，从图中可以看出，当紫外光扰动时间为 10 s 时，体系为单脉冲式响应。另外，在该浓度条件下,增加扰动时间,体系一直保持这种单脉冲式响应行为。

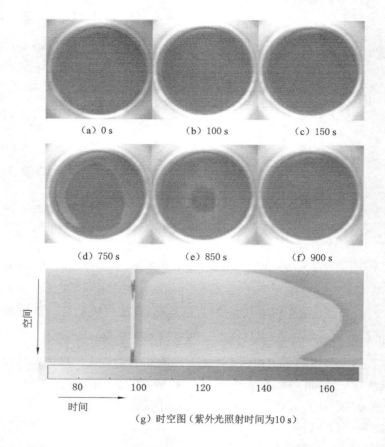

图 6-23　过氧化氢-亚硫酸盐-亚铁氰化钾反应扩散体系中紫外光扰动单脉冲响应

图 6-24 为 H_2SO_4 初始浓度为 0.45 mmol/L 时,紫外光照射时间 30 s 时的系统光响应图。在紫外光的照射下,M 态会迅速演变为 F 态,如图 6-25(b)所示。850 s 后,首个脉冲从凝胶边缘产生[图 6-24(c)],并向凝胶中心传播[图 6-24(d)]。脉冲波大约持续 1 365 s 后,在凝胶的边缘开始产生(＋)pH 前沿,并且前沿以较慢的速度向内传播,如图 6-24(e)、(f)和(g)所示。7 250 s 后体系完全恢复到最初的状态[图 6-24(h)]。图 6-24(i)为整个脉冲式响应过程的时空图,图中纵向的圆弧代表一个脉冲传播的全周期,基于此可以从图中得到紫外光扰动时间为 30 s 时的脉冲个数为 17。图 6-25 为紫外光照射时间下体系斑图演化的时空图,图 6-25(a)、(b)、(c)和(d)分别为紫外光照射 10 s,20 s,30 s,40 s 时的时空图,从图 6-25(e)中

可以看出,紫外光照射时间越长,则脉冲个数越多,并且二者呈线性关系。另外,从图 6-26 中可以看出,在反应扩散体系 H_2O_2-SO_3^{2-}-$Fe(CN)_6^{4-}$ 中的光响应方式还与 H_2SO_4 的初始浓度有关。当 H_2SO_4 初始浓度为 0.48 mmol/L 时,体系只表现出单个脉冲式的响应,并且响应的方式与光照时间无关,而 H_2SO_4 初始浓度降低到 0.35 mmol/L 时,体系会出现二次激发,会出现两个脉冲,并且这种响应方式与光照的时间无关。当 H_2SO_4 初始浓度介于 0.48 mmol/L 和 0.35 mmol/L 之间时,体系在光照后会出现多次激发,表现出多脉冲式响应性。

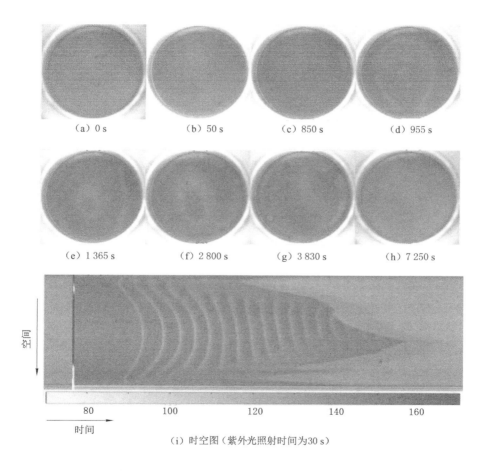

图 6-24 过氧化氢-亚硫酸盐-亚铁氰化钾反应扩散体系中紫外光扰动多脉冲响应

多反馈化学反应介质中 pH 时空动力学

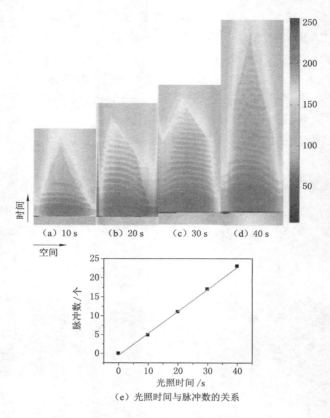

图 6-25 不同扰动时间下的时空图

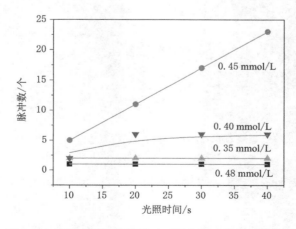

图 6-26 不同硫酸浓度下扰动时间与脉冲数的关系曲线

H_2O_2-SO_3^{2-}-$Fe(CN)_6^{4-}$ 在紫外光照射下,内部的 OH· 自催化反应被激发,体系成为一个多反馈体系,在反应扩散介质中扩散动力学和体系内部的多反馈机制耦合,使体系能表现出暂态脉冲响应。而硫酸的初始浓度对体系的 OH· 自催化过程有间接的影响,硫酸的初始浓度高时,大量生产的 OH· 被体系的质子中和,从而减弱了其负反馈作用,使得耦合效应减弱,因此体系表现简单的单个脉冲式回应。当硫酸初始浓度适度时,耦合作用较强,体系表现出复杂的暂态脉冲响应。而光扰动时间越长,耦合时间越长,因此暂态脉冲的个数也越多。

6.5 过氧化氢-亚硫酸盐-亚铁氰化钾反应体系机理模型

6.5.1 过氧化氢-亚硫酸盐-亚铁氰化钾反应体系机理的建立

H_2O_2-SO_3^{2-}-$Fe(CN)_6^{4-}$ 反应体系的光敏性机理至今还不清楚,而该体系光敏性的特性主要是由 H_2O_2-$Fe(CN)_6^{4-}$ 子反应体系决定的。关于此子体系的光敏性机理主要包含表 6-1 中(M6-1)~(M6-7)反应机理。在光照条件下,光敏性物质 $Fe(CN)_6^{4-}$ 和 $Fe(CN)_6^{3-}$ 发生光水合反应[(M6-1)和(M6-2)],产生化学反应活性更强的五氰络合物。在这个子反应体系中,反应机理(M6-3)中产生的 OH· 为振荡产生关键的自催化成分,而 OH· 自催化反应主要通过反应(R6-9)来表现,其中(R6-9)=(M6-4)+(M6-5)。另外 OH· 从 $Fe(CN)_6^{4-}$ 中得到一个电子生成 OH^-(M6-6),而 OH^- 的产生会通过反应(R6-10)快速消耗体系的 H^+,使得体系的 pH 值上升,这一机理与实验过程中光扰动实验结果一致。

表 6-1 过氧化氢-亚铁氰化钾反应体系中的动力学反应机理

序号	反应机理
M6-1	$Fe(CN)_6^{4-} + H_2O \xrightarrow{h\nu} Fe(CN)_5(H_2O)^{3-} + CN^-$
M6-2	$Fe(CN)_6^{3-} + H_2O \xrightarrow{h\nu} Fe(CN)_5(H_2O)^{2-} + CN^-$
M6-3	$Fe(CN)_5(H_2O)^{3-} + H_2O_2 \longrightarrow Fe(CN)_5(H_2O)^{2-} + OH· + OH^-$
M6-4	$H_2O_2 + OH· \longrightarrow HO_2· + H_2O$
M6-5	$Fe(CN)_5(H_2O)^{3-} + HO_2· + H^+ \longrightarrow Fe(CN)_5(H_2O)^{2-} + 2OH·$
M6-6	$Fe(CN)_6^{4-} + OH· \longrightarrow Fe(CN)_6^{3-} + OH^-$
M6-7	$Fe(CN)_5(H_2O)^{2-} + Fe(CN)_6^{4-} \longrightarrow Fe(CN)_5(H_2O)^{3-} + Fe(CN)_6^{3-}$
M6-8	$CN^- + H^+ \longrightarrow HCN$

$$Fe(CN)_5(H_2O)^{3-} + H_2O_2 + OH\cdot + H^+ \longrightarrow Fe(CN)_5(H_2O)^{2-} + 2OH\cdot + H_2O \tag{R6-9}$$

$$OH^- + H^+ \longrightarrow H_2O \tag{R6-10}$$

Rábai 等提出了一个简单的 3 步反应机理模型来构建 H_2O_2-SO_3^{2-}-$Fe(CN)_6^{4-}$ pH 振荡反应体系。这 3 步反应主要包括快速质子平衡反应(R6-5)、质子自催化反应(R6-7)以及负反馈反应(R6-1)。其中体系的光敏性主要体现在反应(R6-1)上,反应(R6-1)可拆分为反应(R6-1′)和反应(R6-1″),其中反应(R6-1′)为速控步。

$$Fe(CN)_6^{4-} + H^+ \longrightarrow HFe(CN)_6^{3-} \tag{R6-1′}$$

$$HFe(CN)_6^{3-} + \frac{1}{2}H_2O_2 \longrightarrow Fe(CN)_6^{3-} + H_2O \tag{R6-1″}$$

根据表 6-1 中反应机理(M6-1)和(M6-2),为了简化模型,假设光敏性成分为 $Fe(CN)_6^{3-}$,其光敏性反应为(R6-11),(E6-2)为对应的速率方程。

$$H_2O + Fe(CN)_6^{3-} \xrightarrow{h\nu} [Fe(CN)_5(H_2O)]^{2-} + CN^- \tag{R6-11}$$

$$v_{11} = k_{11}I_0\alpha[Fe(CN)_6^{3-}] = K_{11}[Fe(CN)_6^{3-}] \tag{E6-2}$$

式中,α 为系统中所有组分的光吸收的动力学因子,$\alpha = [1 - \exp(-2.3D)]/D$[203-204];$D$ 为在入射波长下的总吸光度,根据 Lambert-Beer 定律,$D = \varepsilon[Fe(CN)_6^{3-}]l$;$\varepsilon$ 为 $Fe(CN)_6^{3-}$ 的摩尔吸收系数;l 为光程。在固定波长和辐照度条件下,α 为常数,则令 $K_{11} = k_{11}I_0\alpha$。

根据以上假设将反应(R6-11)引入 H_2O_2-SO_3^{2-}-$Fe(CN)_6^{4-}$ 反应体系中构建起光敏性反应动力学机理模型,具体反应机理模型如表 6-2 所示。

表 6-2　过氧化氢-亚硫酸盐-亚铁氰化钾反应体系反应机理模型

序号	反应机理
M6-9	$H_2O \rightleftharpoons H^+ + OH^-$
M6-10	$HSO_3^- \rightleftharpoons H^+ + SO_3^{2-}$
M6-11	$H_2O_2 + HSO_3^- \longrightarrow SO_4^{2-} + H^+ + H_2O$
M6-12	$H_2O_2 + SO_3^{2-} \longrightarrow SO_4^{2-} + H_2O$
M6-13	$H_2O_2 + 2Fe(CN)_6^{4-} + 2H^+ \longrightarrow 2Fe(CN)_6^{3-} + 2H_2O$
M6-14	$SO_3^{2-} + 2Fe(CN)_6^{3-} + H_2O \longrightarrow 2Fe(CN)_6^{4-} + 2H^+ + SO_4^{2-}$
M6-15	$Fe(CN)_6^{3-} + H_2O \xrightarrow{h\nu} [Fe(CN)_5H_2O]^{2-} + CN^-$

表 6-2(续)

序号	反应速率方程
M6-9	$v_9=0.01\,(\mathrm{mol/L})^{-1}\mathrm{s}^{-1}$, $v_{-9}=k_{-9}[\mathrm{H}][\mathrm{OH}]$ $k_{-9}=10^{11}(\mathrm{mol/L})^{-1}\mathrm{s}^{-1}$
M6-10	$v_{10}=k_{10}[\mathrm{HSO}_3^-]$, $v_{-10}=k_{-10}[\mathrm{SO}_3^{2-}][\mathrm{H}^+]$ $k_{10}=3\,000\,\mathrm{s}^{-1}$, $k_{-10}=5\times10^{10}(\mathrm{mol/L})^{-1}\mathrm{s}^{-1}$
M6-11	$v_{11}=(k_{11}+k'_{11}[\mathrm{H}^+])[\mathrm{H}_2\mathrm{O}_2][\mathrm{HSO}_3^-]$ $k_{11}=4\,(\mathrm{mol/L})^{-1}\mathrm{s}^{-1}$, $k'_{11}=1.48\times10^7(\mathrm{mol/L})^{-2}\mathrm{s}^{-1}$
M6-12	$v_{12}=k_{12}[\mathrm{H}_2\mathrm{O}_2][\mathrm{SO}_3^{2-}]$ $k_{12}=0.2\,(\mathrm{mol/L})^{-1}\mathrm{s}^{-1}$
M6-13	$v_{13}=k_{13}[\mathrm{H}_2\mathrm{O}_2][\mathrm{H}^+]/(k'_{13}+[\mathrm{H}^+])$ $k_{13}=1.6\times10^{-4}(\mathrm{mol/L})^{-1}\mathrm{s}^{-1}$, $k'_{13}=10^{-7}(\mathrm{mol/L})^{-2}\mathrm{s}^{-1}$
M6-14	$v_{14}=k_{14}[\mathrm{H}_2\mathrm{O}_2][\mathrm{H}^+]/(k'_{14}+[\mathrm{H}^+])$ $k_{14}=2\,(\mathrm{mol/L})^{-1}\mathrm{s}^{-1}$
M6-15	$v_{15}=k_{15}[\mathrm{Fe(CN)}_6^{3-}]$ 拟合

6.5.2 过氧化氢-亚硫酸盐-亚铁氰化钾反应体系模拟结果

对于表 6-2 中反应机理(M6-15)而言,其主要产物为 CN^-,而 CN^- 可通过快速质子平衡反应消耗质子(M6-8),因此在 $\mathrm{d}[\mathrm{H}]/\mathrm{d}t$ 中需要考虑(M6-15)的贡献。根据表 6-2 可将该体系的动力学方程写为如下形式:

$$\mathrm{d}[\mathrm{H}]/\mathrm{d}t=v_9-v_{-9}+v_{10}-v_{-10}+v_{11}-2v_{13}+2v_{14}-v_{15}+k_0([\mathrm{H}]_0-[\mathrm{H}]) \tag{E6-3}$$

$$\mathrm{d}[\mathrm{H}_2\mathrm{O}_2]/\mathrm{d}t=-v_{11}-v_{12}-v_{13}+k_0([\mathrm{H}_2\mathrm{O}_2]_0-[\mathrm{H}_2\mathrm{O}_2]) \tag{E6-4}$$

$$\mathrm{d}[\mathrm{Fe(CN)}_6^{4-}]/\mathrm{d}t=-2v_{13}+2v_{14}+k_0([\mathrm{Fe(CN)}_6^{4-}]_0-[\mathrm{Fe(CN)}_6^{4-}]) \tag{E6-5}$$

$$\mathrm{d}[\mathrm{Fe(CN)}_6^{3-}]/\mathrm{d}t=2v_{13}-2v_{14}-v_{15}-k_0[\mathrm{Fe(CN)}_6^{3-}] \tag{E6-6}$$

$$\mathrm{d}[\mathrm{SO}_3^{2-}]/\mathrm{d}t=v_{10}-v_{-10}-v_{12}-v_{14}+k_0([\mathrm{SO}_3^{2-}]_0-[\mathrm{SO}_3^{2-}]) \tag{E6-7}$$

$$\mathrm{d}[\mathrm{HSO}_3^-]/\mathrm{d}t=-v_{10}+v_{-10}-v_{11}-k_0[\mathrm{HSO}_3^-] \tag{E6-8}$$

$$\mathrm{pH}=-\lg[\mathrm{H}] \tag{E6-9}$$

根据(E6-3)~(E6-9),运用 Berkeley Madonna 软件对体系的均相动力学行为进行模拟。

当体系无光照时,$E=0\,\mathrm{mW/cm}^2$,(M6-15)不会发生。图 6-27 为不同 $[\mathrm{SO}_3^{2-}]_0$ 初始条件下的振荡曲线,其他初始反应条件与图 6-7 一致,通过模拟得到随着 $[\mathrm{SO}_3^{2-}]_0$ 初始浓度的降低,振荡的周期逐渐缩短,这与实验结果基本一致。图 6-28 为不同 $[\mathrm{SO}_3^{2-}]_0$ 初始浓度下振荡周期变化曲线的实验值和模拟值,从图中可以看出，模拟结果同实验过程一样随着[SO_3^{2-}]$_0$的增加周期相应增加。

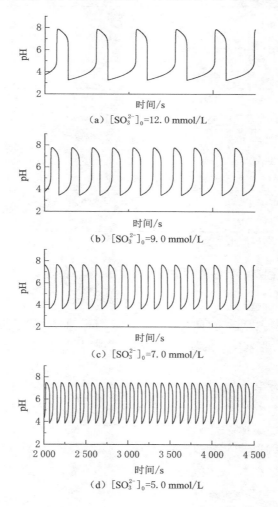

图 6-27　CSTR 中过氧化氢-亚硫酸盐-亚铁氰化钾反应体系在不同亚硫酸盐初始浓度下的模拟结果

该模型的光敏性主要体现在反应机理(M6-15),$K_{15}=k_{15}E_0\alpha$,因此逐步增加辐照度,则相当于增加 K_{15},因此在模拟过程中通过改变 K_{15} 的值来体现辐照度的变化,从而定性地模拟体系的光抑制和光诱导过程。图 6-29 为 H_2O_2-SO_3^{2-}-$Fe(CN)_6^{4-}$ 反应体系的光抑制模拟结果,无光照条件时体系为持续的振荡行为,如图 6-29 曲线 1 所示。增加辐照度即增加 K_{15},体系振荡曲线发生改变(图 6-29

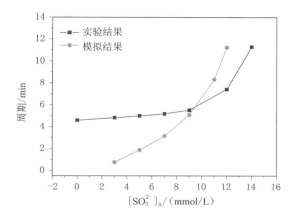

图 6-28　CSTR 中振荡周期与 $[SO_3^{2-}]_0$ 依赖关系

曲线 2)。当 $K_{15}=0.2\ s^{-1}$ 时,体系的振荡行为受到抑制,体系进入高 pH 值稳态行为,如图 6-29 曲线 3 所示。图 6-30 为该体系的光诱导模拟结果。从图 6-30 曲线 1 中可以看出,当无光照时,在 k_0 为 $4×10^{-3}\ s^{-1}$ 条件下,体系为低 pH 值稳态,逐步增加 K_{15},低 pH 值稳态向高 pH 值的方向移动(图 6-30 曲线 2),当 $K_{15}=0.001\ 3\ s^{-1}$ 时,体系出现霍普夫分岔,产生持续的振荡行为,如图 6-30 曲线 3 所示。

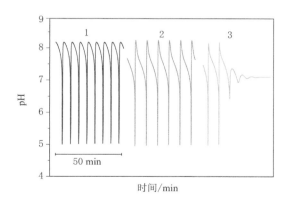

反应条件:$[H_2O_2]_0=25.0\ mmol/L$,$[SO_3^{2-}]_0=12.0\ mmol/L$,$[H_2SO_4]_0=0.60\ mmol/L$,$[Fe(CN)_6^{4-}]_0=6.0\ mmol/L$,$k_0=2.9×10^{-4}\ s^{-1}$。1—$K_{15}=0\ s^{-1}$;2—$K_{15}=0.1\ s^{-1}$;3—$K_{15}=0.2\ s^{-1}$。

图 6-29　光抑制振荡模拟结果

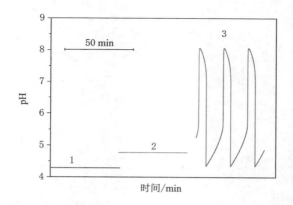

反应条件：$[H_2O_2]_0 = 25$ mmol/L，$[SO_3^{2-}]_0 = 12$ mmol/L，$[H_2SO_4]_0 = 0.6$ mmol/L，$[Fe(CN)_6^{4-}]_0 = 6.0$ mmol/L，$k_0 = 4 \times 10^{-3}$ s^{-1}。$1—K_{15}=0$ s^{-1}；$2—K_{15}=0.001$ s^{-1}；$3—K_{15}=0.0013$ s^{-1}。

图 6-30　光诱导振荡模拟结果

6.6　小结

本章研究了 H_2O_2-SO_3^{2-}-$Fe(CN)_6^{4-}$ 反应体系的时空动力学行为，主要研究了过氧化氢-亚铁氰化钾反应体系的均相动力学、H_2O_2-SO_3^{2-}-$Fe(CN)_6^{4-}$ 反应体系均相动力学和反应扩散体系的动力学；同时利用光照作为控制条件，研究这两个体系的光敏性；最后，通过查阅文献对反应机理进行归纳总结得出 H_2O_2-SO_3^{2-}-$Fe(CN)_6^{4-}$ 反应体系的动力学机理，并利用 Berkeley Madonna 软件对体系的动力学行为进行了模拟。本章通过五小节分别描述了 H_2O_2-SO_3^{2-}-$Fe(CN)_6^{4-}$ 反应体系在 CSTR 和 OSFR 中一系列非线性的时空动力学特征。

首先，在 CSTR 中研究了子反应体系 H_2O_2-$Fe(CN)_6^{4-}$ 动力学行为。在过氧化氢过量的情况下，体系呈现大振幅的 pH 振荡行为。另外该体系具有光敏性，光照可以使体系产生 OH·自催化反应，给体系带来新的质子负反馈反应，从而能抑制或者促进体系的振荡行为。

其次，在 CSTR 中研究了 H_2O_2-SO_3^{2-}-$Fe(CN)_6^{4-}$ 反应体系的动力学行为。实验过程中通过改变反应物的初始浓度和进液流速对体系的动力学行为进行了系统的研究，这为反应扩散体系的研究奠定了基础。振荡周期与 SO_3^{2-} 浓度有着密切关系，随着 SO_3^{2-} 初始浓度的增加，振荡周期也相应增加。另外辐照度会影响体系的动力学分岔行为，随着辐照度的增加，体系的分岔从超临界霍普夫分岔转化为亚临界霍普夫分岔。

在反应扩散系统中，H_2O_2-SO_3^{2-}-$Fe(CN)_6^{4-}$反应体系表现丰富的时空动力学行为。由于脉冲波初始激发点不一样，体系会产生内传和外传两种传播模式的脉冲波。此外，在反应扩散介质中体系能呈现 pH 斑点、条纹 pH 斑图，这些空间的有序结构具有一定的信息存储功能，当体系突然改变状态时，其局部的动力学特性会被保留数小时。研究了反应扩散体系中低 pH 值稳态对紫外扰动的响应性。在均相体系中，采用紫外光扰动，扰动时间足够长的情况下，体系会出现二次激发。而在 OSFR 中，由于扩散的作用，体系会出现多次激发，即形成若干个脉冲波后最终恢复到初始状态。另外，脉冲的个数不仅与扰动时间有关同时还与体系的 H_2SO_4 初始浓度有关。

最后，为了解释 H_2O_2-SO_3^{2-}-$Fe(CN)_6^{4-}$ 反应体系中光敏性动力学行为，提出了一个简化的机理模型，该模型包含 7 步简单的反应，光效应主要通过调节光敏性反应的速率常数来体现，这个模拟结果能够解释在均相反应过程的一系列动力学现象，如亚硫酸盐浓度的影响，光抑制和光促进作用。由于该模型的刚性太强，计算量很大，目前还不能模拟体系在反应扩散体系的光效应，因此对于该模型的优化研究有待进一步创新。

7 结论与展望

7.1 结论

H_2O_2-SO_3^{2-} 反应体系为典型的自催化反应,在 CSTR 中能表现时间双稳态行为,另外该反应可作为构建多反馈 pH 振荡介质的基础反应。本书从实验现象、理论分析和数值模拟等方面对以 H_2O_2-SO_3^{2-} 自催化反应体系为载体的多反馈 pH 振荡体系的非线性时空动力学行为进行了探索。首先,本著作在理论分析的基础上尝试采用 Tu 作为质子负反馈剂来设计新的多反馈 pH 振荡反应。其次,研究了 $S_2O_3^{2-}$ 作为负反馈剂的多反馈 pH 振荡介质的复杂时空动力学行为。最后,对光敏性 pH 振荡体系 H_2O_2-SO_3^{2-}-$Fe(CN)_6^{4-}$ 的时空动力学行为进行了系统的实验研究和理论研究,并得出如下结论:

(1) 为了构建多反馈的 pH 振荡体系,本著作采用 Tu 作为负反馈剂研究了 H_2O_2-SO_3^{2-}-Tu 反应体系的动力学行为。在封闭体系中分别改变反应物浓度、反应温度来研究其反应动力学行为,发现当自催化反应体系加入 Tu 后,体系的动力学曲线发生改变,动力学曲线会出现消耗质子的过程,这说明 H_2O_2 氧化 Tu 可以作为负反馈反应来消耗反应生成的质子。在封闭实验的指导下,在 CSTR 中发现了持续稳定的大振幅的 pH 振荡行为。另外,体系的 pH 振荡行为与反应温度有密切关系,温度低于 28.0 ℃时,体系表现衰减振荡行为,只有温度在 28.0~31.0 ℃才能得到持续稳定的振荡行为。

为了深入了解该反应体系的反应机理,实验过程中采用高效液相色谱以及质谱仪对子反应 H_2O_2 氧化 Tu 的中间产物进行了检测和追踪,发现在反应过程中主要存在四种重要的中间产物,这四种产物分别为 TuO、Tu_2^{2+}、TuO_2 和 TuO_3。其中 TuO 为反应过程的关键产物,它起到连接正反馈过程和负反馈过程的桥梁作用。酸性介质中,H_2O_2 氧化 Tu 反应首先生成化学活性较高的 TuO,TuO 与 Tu 反应消耗质子,起到负反馈的作用。另外,TuO 进一步被过氧化氢氧化生成 TuO_2 和 TuO_3。而 TuO_3 在碱性条件下水解又生成了 HSO_3^-,增强了体系的正反馈作用,因此该体系为一个具有两个正反馈一个负反馈的多反馈反应介质。

为了进一步解释相关实验现象,构建了一个包含 10 步反应的机理模型,并在此模型的基础上运用 Berkeley Madonna 软件对封闭体系动力学曲线和开放体系振荡曲线进行模拟,模拟结果基本一致,这也进一步验证了机理模型的合理性。

(2) 如果非线性化学体系存在多个正负反馈环相互耦合时,体系出现十分丰富的非线性动力学行为,而在简单的三组分体系中出现多个正负反馈反应往往都是由于内部反应的复杂性引起的。本著作通过对 H_2O_2-SO_3^{2-}-$S_2O_3^{2-}$ 反应体系的反应机理进行分析和模拟预测,发现该体系存在两个振荡环,且体系不仅存在两种质子自催化反应,还存在 $HOS_2O_3^-$ 和 $S_4O_6^{2-}$ 自催化反应,且在模拟过程中发现体系具有混合模式分岔行为。在实验过程中,采用流速作为控制参数对该体系进行了系统的研究。实验发现在很窄的浓度和流速区间,体系会出现混合模式分岔,从简单的 1^0 型振荡演变为 1^1 型和 1^2 型振荡,这也从一方面证实了该体系的多反馈作用的存在。

另外,在 H_2O_2 氧化 $S_2O_3^{2-}$ 过程中会产生 HSO_3^-,而由于 SO_3^{2-} 的流入也会使体系产生 HSO_3^-,因此该体系存在内源性(产生)和外源性(流入)两个质子自催化反应过程,使得体系的自催化反应占主导,因此 OSFR 中体系通常表现质子自催化 pH 前沿波,并且前沿波的波速与 PA 浓度成反比。

(3) 与 H_2O_2-SO_3^{2-}-$S_2O_3^{2-}$ 反应体系类似,H_2O_2-SO_3^{2-}-$Fe(CN)_6^{4-}$ 反应体系也是一个复杂非线性动力学反应体系。H_2O_2 氧化 $Fe(CN)_6^{4-}$ 作为负反馈反应不仅可以有效地消耗自催化反应产生的质子,同时该反应体系自身也存在振荡行为,并且这个子反应体系具有光敏特性,且加入自催化反应后,在反应扩散体系中能产生时空有序结构。在 CSTR 中,酸性条件下过量的 H_2O_2 氧化 $Fe(CN)_6^{4-}$ 反应能表现大振幅的 pH 振荡行为,采用光照作为控制参数,可以抑制或者促进体系的振荡行为。另外,H_2O_2-SO_3^{2-}-$Fe(CN)_6^{4-}$ 反应体系在 CSTR 中动力学行为受反应物初始浓度条件以及流速影响显著。实验过程中通过改变 H_2SO_4、$Fe(CN)_6^{4-}$ 和 SO_3^{2-} 初始浓度全面研究了体系的动力学性质,发现 SO_3^{2-} 初始浓度对体系的动力学影响最为显著。随着 SO_3^{2-} 初始浓度的增加,体系的振荡周期逐渐增加,这是由于 SO_3^{2-} 初始浓度增加大大促进了质子平衡反应,即缓冲作用增大,使得 pH 值下降的过程减慢,从而延长了振荡周期。另外,在光照存在时,体系产生 OH·自催化,使体系转变为多反馈反应介质,这些反馈过程相互耦合能够改变体系的分岔行为。随着辐照度的增加,体系的动力学分岔逐渐向高流速范围移动,振荡的流速范围响应拓宽,更有利于双稳态行为的产生,即光照使得体系的霍普夫分岔从超临界分岔转变为亚临界分岔。在反应扩散系统中,H_2O_2-SO_3^{2-}-$Fe(CN)_6^{4-}$ 反应体系可以表现十分丰富的时空动力学行为,如内传和外传脉冲波、pH 斑点、条纹 pH 斑图。另外,在该体系中这些空间的有序结构具有一定的信息存储功能,当体系突然改变状态时,其局部的动力学特性会被保留数小时。

实验过程中,着重研究了 H_2O_2-SO_3^{2-}-$Fe(CN)_6^{4-}$ 在均相体系中的低 pH 值稳态和反应扩散体系中的 M 态的光响应性。实验过程中采用紫外光扰动,扰动时间足够长的情况下,在均相体系中会出现二次激发。而在 OSFR 中,由于扩散的作用,体系会出现多次激发,即形成若干个脉冲波后最终恢复到初始状态。另外,脉冲的个数不仅与扰动时间有关同时还与体系的初始硫酸浓度有关。

为了解释体系的光敏性特性,通过查阅文献对 H_2O_2-$Fe(CN)_6^{4-}$ 反应的光敏性机理进行了系统分析和提炼,提出一个简单的机理模型,运用这个机理模型能够定性地解释 H_2O_2-SO_3^{2-}-$Fe(CN)_6^{4-}$ 反应体系中的一些动力学行为,如 SO_3^{2-} 初始浓度对体系动力学行为的影响、光抑制和光促进。但是该机理只是一个简化的机理模型,并不能解释反应过程中从光诱导到光抑制过程的连续过程,因此该反应的机理模型还需要进一步研究完善。

7.2 创新

通过对多反馈 pH 振荡体系系统地理论分析和数值模拟,发现这类体系不管在时间上还是空间上都存在丰富的动力学行为,通过实验探索和理论分析归纳出了很多普适性的规律和结论。其中具体创新点归纳如下:

(1) 本著作成功设计了一个新的具有两个质子正反馈和一个负反馈的 pH 振荡体系(H_2O_2-SO_3^{2-}-Tu 反应体系),并通过 HPLC、MS 等分析手段检测了反应过程的中间物,构建了该体系的动力学模型,模型中指出一氧化硫脲(TuO)为连接两个质子正反馈的关键成分。

(2) 通过对 H_2O_2-SO_3^{2-}-$S_2O_3^{2-}$ 反应体系的机理分析,发现该体系具有多个正负反馈环,体系在 CSTR 中存在混合模式分岔行为。同时,多反馈作用下体系在 OSFR 中存在 pH 前沿波。

(3) H_2O_2-SO_3^{2-}-$Fe(CN)_6^{4-}$ 体系中,首次研究了在 CSTR 中辐照度对体系振荡周期的影响。另外,光照促进体系的 OH·自催化过程,从而引入新的质子负反馈环,使体系中霍普夫分岔从超临界转变为亚临界。

(4) 在反应扩散介质中,H_2O_2-SO_3^{2-}-$Fe(CN)_6^{4-}$ 反应体系可以存在内传和外传 pH 脉冲波、pH 斑点和条纹 pH 斑图,且这种 pH 斑图具有记忆以及存储功能,在受到外界扰动时能保持局部特性。另外,在均相反应体系中,采用紫外光激发体系的低 pH 值状态,体系出现二次激发,而在反应扩散介质中,体系会产生暂态脉冲波,并且暂态脉冲波的个数与光扰动时间成正比。

7.3 展望

在 H_2O_2-SO_3^{2-} 自催化反应体系中分别加入 Tu、$S_2O_3^{2-}$ 和 $Fe(CN)_6^{4-}$ 作为质子负反馈剂构建多反馈 pH 振荡体系,从实验分析和机理模拟等方面分别研究了这些多反馈体系的时空动力学性质,得到了一些创新性成果。通过对这几个反应体系的研究,我们发现复杂的非线性介质中 pH 振荡体系不管在时间上还是在空间上都存在丰富的动力学行为,还需要进一步深入地挖掘和探索。本节对该领域今后的相关具体工作进行了展望。

(1) H_2O_2-SO_3^{2-}-Tu 和 H_2O_2-SO_3^{2-}-$S_2O_3^{2-}$ 反应体系在均相体系中能够存在大振幅的 pH 振荡行为,这两个体系中存在两个正反馈过程和一个负反馈过程,属于复杂的非线性的动力学介质,因此该体系可以用于多个反馈环相互耦合下 pH 斑图的研究。另外,现阶段对于 pH 斑图的研究仅仅局限于在双稳态介质和高 pH 介质中,即介质处于霍普夫分岔线以下。而对于分岔线附近以及分岔线之间的时空动力学行为的研究将成为今后一个新的具有挑战的研究领域。

(2) pH 振荡体系的时空斑图的研究工作都是在开放体系中进行的,开放体系需要不断补充反应物使得体系的可调控性差,所以迫切需要一个同 BZ 反应体系一样在封闭体系中能持续数小时振荡的 pH 振荡体系,这也是该课题需要解决的一个问题。

(3) 自然界中各种图案的形成不仅仅与反应-扩散有关,还受到各种机械力或者对流的影响,而在对 pH 时空斑图的研究时,本著作只是构建了简单的反应-扩散体系,排除了各种外界作用,如对流和凝胶的弹性力等,而这些外界影响因素存在时,都会对斑图的动力学行为造成影响,因此对多物理场作用下的斑图动力学研究有助于对自然界各种时空自组织行为形成过程的理解。

(4) 随着对 pH 斑图动力学形成机理的研究日益成熟,科学工作者们在许多 pH 振荡体系中发现了时空自组织行为,而这些体系很多都是光敏性反应体系。因此对于 pH 振荡体系的光控动力学行为将成为 pH 时空动力学研究的热点之一。

(5) 对于均相反应体系的动力学行为,我们可以通过机理模型进行模拟再现。但是对于反应-扩散体系,由于刚性问题导致数值计算量太大,而不能得到二维的 pH 斑图,因此对于 pH 斑图的理论工作以及模型的优化方面有待进一步创新。

综上所述,pH 多反馈振荡体系可以作为复杂非线性斑图研究的载体来完成大量的实验工作和理论工作。对该类体系的研究,可以促进我们对自然界中一系列复杂的时空动力学行为的理解。

参 考 文 献

[1] NITZAN A, ROSS J. Oscillations, multiple steady states, and instabilities in illuminated systems[J]. The Journal of Chemical Physics, 1973, 59(1): 241-250.

[2] BRAY W C. A periodic reaction in homogeneous solution and its relation to catalysis[J]. Journal of the American Chemical Society, 1921, 43(6): 1262-1267.

[3] HEILWEIL E J, EPSTEIN I R. Chemical oscillation and "chaos" in a single system[J]. The Journal of Physical Chemistry, 1979, 83(10): 1359-1361.

[4] PEARSON J E. Complex patterns in a simple system[J]. Science, 1993, 261(5118): 189-192.

[5] BELOUSOV B P. A periodic reaction and its mechanism[J]. Radiation Medicine, 1959(147): 45.

[6] BOISSONADE J, DE KEPPER P. Transitions from bistability to limit cycle oscillations. Theoretical analysis and experimental evidence in an open chemical system[J]. The Journal of Physical Chemistry, 1980, 84(5): 501-506.

[7] CHIE K, OKAZAKI N, TANIMOTO Y, et al. Tristability in the bromate-sulfite-hydrogencarbonate pH oscillator[J]. Chemical Physics Letters, 2001, 334(1/2/3): 55-60.

[8] MASELKO J, EPSTEIN I R. Chemical chaos in the chlorite-thiosulfate reaction[J]. The Journal of Chemical Physics, 1984, 80(7): 3175-3178.

[9] LEE K J, MCCORMICK W D, OUYANG Q, et al. Pattern formation by interacting chemical fronts[J]. Science, 1993, 261(5118): 192-194.

[10] NAGY I P, POJMAN J A. Multicomponent convection induced by fronts in the chlorate-sulfite reaction[J]. The Journal of Physical Chemistry, 1993, 97(13): 3443-3449.

[11] RÁBAI G, HANAZAKI I. Temperature compensation in the oscillatory hydrogen peroxide-thiosulfate-sulfite flow system [J]. Chemical

Communications,1999(19):1965-1966.

[12] VANAG V K. Hydrogen peroxide-sulfite-ferrocyanide-horseradish peroxidase pH oscillator in a continuous-flow stirred tank reactor[J]. The Journal of Physical Chemistry A,1998,102(3):601-605.

[13] CROOK C J, SMITH A, JONES R A L, et al. Chemically induced oscillations in a pH-responsive hydrogel[J]. Physical Chemistry Chemical Physics,2002,4(8):1367-1369.

[14] FRERICHS G A, MLNARIK T M, GRUN R J, et al. A new pH oscillator: the chlorite-sulfite-sulfuric acid system in a CSTR[J]. The Journal of Physical Chemistry A,2001,105(5):829-837.

[15] LIEDL T, SIMMEL F C. Switching the conformation of a DNA molecule with a chemical oscillator[J]. Nano Letters,2005,5(10):1894-1898.

[16] MISRA G P, SIEGEL R A. Multipulse drug permeation across a membrane driven by a chemical pH-oscillator[J]. Journal of Controlled Release,2002,79(1/2/3):293-297.

[17] YOSHIDA R, ICHIJO H, HAKUTA T, et al. Self-oscillating swelling and deswelling of polymer gels[J]. Macromolecular Rapid Communications, 1995,16(4):305-310.

[18] TURING A M. The chemical basis of morphogenesis[J]. Philosophical Transactions of the Royal Society of London Series B: Biological Sciences, 1952,237(641):37-72.

[19] CASTETS V, DULOS E, BOISSONADE J, et al. Experimental evidence of a sustained standing Turing-type nonequilibrium chemical pattern[J]. Physical Review Letters,1990,64(24):2953-2956.

[20] NICOLIS G, PRIGOGINE I. Self-organization in nonequilibrium systems: from dissipative structures to order through fluctuations[M]. New York: John-Wiley & Son,1977.

[21] ORBÁN M, DE KEPPER P, EPSTEIN I R. Systematic design of chemical oscillators. 10. Minimal bromate oscillator: bromate-bromide-catalyst[J]. Journal of the American Chemical Society,1982,104(9):2657-2658.

[22] ORBÁN M, DE KEPPER P, EPSTEIN I R. Systematic design of chemical oscillators. Part 7. An iodine-free chlorite-based oscillator. The chlorite-thiosulfate reaction in a continuous flow stirred tank reactor[J]. The Journal of Physical Chemistry,1982,86(4):431-433.

[23] RÁBAI G, SZÁNTÓ T G, KOVÁCS K. Temperature-induced route to chaos in the H_2O_2-HSO_3^--$S_2O_3^{2-}$ flow reaction system[J]. The Journal of Physical Chemistry A, 2008, 112(47):12007-12010.

[24] ORBÁN M, EPSTEIN I R. Systematic design of chemical oscillators. Part 13. Complex periodic and aperiodic oscillation in the chlorite-thiosulfate reaction[J]. The Journal of Physical Chemistry, 1982, 86(20):3907-3910.

[25] DOONA C J, DOUMBOUYA S I. Period-doubling route to chaos in the chlorite-thiocyanate chemical oscillator [J]. The Journal of Physical Chemistry, 1994, 98(2):513-517.

[26] RUSHING C W, THOMPSON R C, GAO Q Y. General model for the nonlinear pH dynamics in the oxidation of sulfur (—Ⅱ) species[J]. The Journal of Physical Chemistry A, 2000, 104(49):11561-11565.

[27] SAGUÉS F, EPSTEIN I R. Nonlinear chemical dynamics[J]. Dalton Transactions, 2003(7):1201-1217.

[28] OUYANG Q, SWINNEY H L. Transition to chemical turbulence[J]. Chaos, 1991, 1(4):411-420.

[29] LEE K J, MCCORMICK W D, PEARSON J E, et al. Experimental observation of self-replicating spots in a reaction-diffusion system[J]. Nature, 1994, 369(6477):215-218.

[30] SZALAI I, DE KEPPER P. Patterns of the ferrocyanide-iodate-sulfite reaction revisited: the role of immobilized carboxylic functions[J]. The Journal of Physical Chemistry A, 2008, 112(5):783-786.

[31] SZALAI I, DE KEPPER P. Pattern formation in the ferrocyanide-iodate-sulfite reaction: the control of space scale separation[J]. Chaos, 2008, 18(2):026105.

[32] UENO T, YOSHIDA R. Pattern formation in heterostructured gel by the ferrocyanide-iodate-sulfite reaction[J]. The Journal of Physical Chemistry A, 2019, 123(24):5013-5018.

[33] ORBÁN M, EPSTEIN I R. Systematic design of chemical oscillators. 26. A new halogen-free chemical oscillator: the reaction between sulfide ion and hydrogen peroxide in a CSTR[J]. Journal of the American Chemical Society, 1985, 107(8):2302-2305.

[34] RÁBAI G, ORBÁN M, EPSTEIN I R. Systematic design of chemical oscillators. 77. A model for the pH-regulated oscillatory reaction between

hydrogen peroxide and sulfide ion[J]. The Journal of Physical Chemistry, 1992,96(13):5414-5419.

[35] ORBÁN M, EPSTEIN I R. Systematic design of chemical oscillators. 39. Chemical oscillators in group VI A: the copper (II)-catalyzed reaction between hydrogen peroxide and thiosulfate ion [J]. Journal of the American Chemical Society,1987,109(1):101-106.

[36] RÁBAI G, EPSTEIN I R. Systematic design of chemical oscillators. 80. pH oscillations in a semibatch reactor[J]. Journal of the American Chemical Society,1992,114(4):1529-1530.

[37] ORBÁN M. Oscillations and bistability in the copper (II)-catalyzed reaction between hydrogen peroxide and potassium thiocyanate [J]. Journal of the American Chemical Society,1986,108(22):6893-6898.

[38] LUO Y, ORBÁN M, KUSTIN K, et al. Systematic design of chemical oscillators. 51. Mechanisitc study of oscillations and bistability in the Cu (II)-catalyzed reaction between H_2O_2 and KSCN [J]. Journal of American Chemical Society,1989,111(13):4541-4548.

[39] KOVÁCS K M, RÁBAI G. Large amplitude pH oscillations in the hydrogen peroxide-dithionite reaction in a flow reactor[J]. The Journal of Physical Chemistry A,2001,105(40):9183-9187.

[49] MAO S C, GAO Q Y, WANG H, et al. Oscillations and mechanistic analysis of the chlorite-sulfide reaction in a continuous-flow stirred tank reactor[J]. The Journal of Physical Chemistry A,2009,113(7):1231-1234.

[41] NAGYPAL I, EPSTEIN I R. Fluctuations and stirring rate effects in the chlorite-thiosulfate reaction[J]. The Journal of Physical Chemistry,1986, 90(23):6285-6292.

[42] ALAMGIR M, EPSTEIN I R. Complex dynamical behavior in a new chemical oscillator: the chlorite-thiourea reaction in a CSTR [J]. International Journal of Chemical Kinetics,1985,17(4):429-439.

[43] GAO Q Y, WANG J C. pH oscillations and complex reaction dynamics in the non-buffered chlorite-thiourea reaction[J]. Chemical Physics Letters, 2004,391(4/5/6):349-353.

[44] DOONA C J, BLITTERSDORF R, SCHNEIDER F W. Deterministic chaos arising from homoclinicity in the chlorite-thiourea oscillator[J]. The Journal of Physical Chemistry,1993,97(28):7258-7263.

[45] SIMOYI R H, NOYES R M. The bromate-sulfide system: a particularly simple chemical oscillator[J]. The Journal of Physical Chemistry, 1987, 91 (11): 2689-2690.

[46] SZÁNTÓ T G, RÁBAI G. pH oscillations in the $BrO_3^- $-$SO_3^{2-}/HSO_3^-$ reaction in a CSTR[J]. The Journal of Physical Chemistry A, 2005, 109 (24): 5398-5402.

[47] SIMOYI R H. New bromate oscillator: the bromate-thiourea reaction in a CSTR[J]. The Journal of Physical Chemistry, 1986, 90(13): 2802-2804.

[48] OUYANG Q, DE KEPPER P. An all sulfur chemistry based oscillator [J]. The Journal of Physical Chemistry, 1987, 91(23): 6040-6042.

[49] ORBÁN M, EPSTEIN I R. Systematic design of chemical oscillators. 48. Chemical oscillators in group VI A: the copper (II)-catalyzed reaction between thiosulfate and peroxodisulfate ions[J]. Journal of the American Chemical Society, 1989, 111(8): 2891-2896.

[50] ORBÁN M, EPSTEIN I R. Systematic design of chemical oscillators. 62. The minimal permanganate oscillator and some derivatives: oscillatory oxidation of $S_2O_3^{2-}$, SO_3^{2-}, and S^{2-} by permanganate in a CSTR[J]. Journal of the American Chemical Society, 1990, 112(5): 1812-1817.

[51] RÁBAI G, BECK M T, KUSTIN K, et al. Sustained and damped pH oscillation in the periodate-thiosulfate reaction in a continuous-flow stirred tank reactor[J]. The Journal of Physical Chemistry, 1989, 93(7): 2853-2858.

[52] BAKES D, SCHREIBEROVÁ L, SCHREIBER I, et al. Mixed-mode oscillations in a homogeneous pH-oscillatory chemical reaction system [J]. Chaos, 2008, 18(1): 015102.

[53] YUAN L, GAO Q Y, ZHAO Y M, et al. Temperature-induced bifurcations in the Cu(II)-catalyzed and catalyst-free hydrogen peroxide-thiosulfate oscillating reaction[J]. The Journal of Physical Chemistry A, 2010, 114(26): 7014-7020.

[54] KORMÁNYOS B, NAGYPÁL I, PEINTLER G, et al. Effect of chloride ion on the kinetics and mechanism of the reaction between chlorite ion and hypochlorous acid[J]. Inorganic Chemistry, 2008, 47(17): 7914-7920.

[55] PEINTLER G, NAGYPÁL I, EPSTEIN I R. Systematic design of chemical oscillators. 60. Kinetics and mechanism of the reaction between chlorite ion and hypochlorous acid [J]. The Journal of Physical

Chemistry,1990,94(7):2954-2958.

[56] VARGA D, HORVÁTH A K, NAGYPÁL I. Unexpected formation of higher polythionates in the oxidation of thiosulfate by hypochlorous acid in a slightly acidic medium[J]. The Journal of Physical Chemistry B, 2006,110(6):2467-2470.

[57] HORVÁTH A K, NAGYPÁL I. Kinetics and mechanism of the reaction between hypochlorous acid and tetrathionate ion[J]. International Journal of Chemical Kinetics,2000,32(7):395-402.

[58] VARGA D, HORVÁTH A K. Revisiting the kinetics and mechanism of the tetrathionate-hypochlorous acid reaction in nearly neutral medium[J]. The Journal of Physical Chemistry A,2009,113(50):13907-13912.

[59] HORVÁTH A K, NAGYPÁL I. Kinetics and mechanism of the reaction between thiosulfate and chlorine dioxide[J]. The Journal of Physical Chemistry A,1998,102(37):7267-7272.

[60] HORVÁTH A K, NAGYPÁL I, EPSTEIN I R. Kinetics and mechanism of the chlorine dioxide-tetrathionate reaction[J]. The Journal of Physical Chemistry A,2003,107(47):10063-10068.

[61] HORVÁTH A K, NAGYPÁL I, PEINTLER G, et al. Autocatalysis and self-inhibition: coupled kinetic phenomena in the chlorite-tetrathionate reaction[J]. Journal of the American Chemical Society, 2004, 126(20): 6246-6247.

[62] HORVÁTH A K. A three-variable model for the explanation of the "supercatalytic" effect of hydrogen ion in the chlorite-tetrathionate reaction[J]. The Journal of Physical Chemistry A, 2005, 109(23): 5124-5128.

[63] HORVÁTH A K, NAGYPÁL I, EPSTEIN I R. Three autocatalysts and self-inhibition in a single reaction: a detailed mechanism of the chlorite-tetrathionate reaction[J]. Inorganic Chemistry,2006,45(24):9877-9883.

[64] HORVÁTH A K, NAGYPÁL I. Kinetics and mechanism of the oxidation of sulfite by chlorine dioxide in a slightly acidic medium[J]. The Journal of Physical Chemistry A,2006,110(14):4753-4758.

[65] CSEKÓ G, HORVÁTH A K. Kinetics and mechanism of the chlorine dioxide-trithionate reaction[J]. The Journal of Physical Chemistry A, 2012,116(11):2911-2919.

[66] VARGA D, HORVÁTH A K. Kinetics and mechanism of the decomposition of tetrathionate ion in alkaline medium[J]. Inorganic Chemistry, 2007, 46(18): 7654-7661.

[67] XU L, HORVÁTH A K, HU Y, et al. High performance liquid chromatography study on the kinetics and mechanism of chlorite-thiosulfate reaction in slightly alkaline medium[J]. The Journal of Physical Chemistry A, 2011, 115(10): 1853-1860.

[68] PAN C W, WANG W, HORVÁTH A K, et al. Kinetics and mechanism of alkaline decomposition of the pentathionate ion by the simultaneous tracking of different sulfur species by high-performance liquid chromatography[J]. Inorganic Chemistry, 2011, 50(19): 9670-9677.

[69] PAN C W, WANG W, HORVÁTH A K, et al. Kinetics and mechanism of alkaline decomposition of the pentathionate ion by the simultaneous tracking of different sulfur species by high-performance liquid chromatography[J]. Inorganic Chemistry, 2011, 50(19): 9670-9677.

[70] LU Y C, GAO Q Y, XU L, et al. Oxygen-sulfur species distribution and kinetic analysis in the hydrogen peroxide-thiosulfate system[J]. Inorganic Chemistry, 2010, 49(13): 6026-6034.

[71] FRERICHS G A, MLNARIK T M, GRUN R J, et al. A new pH oscillator: the chlorite-sulfite-sulfuric acid system in a CSTR[J]. The Journal of Physical Chemistry A, 2001, 105(5): 829-837.

[72] RÁBAI G. Modeling and designing of pH-controlled bistability, oscillations and chaos in a continuous-flow stirred tank reactor$^+$[J]. ACH-Models in Chemistry, 1998, 135(3): 381-392.

[73] CHURCH J A, DRESKIN S A. Kinetics of color development in the Landolt ("iodine clock") reaction[J]. The Journal of Physical Chemistry, 1968, 72(4): 1387-1390.

[74] RÁBAI G, BECK M T. High-amplitude hydrogen ion concentration oscillation in the iodate-thiosulfate-sulfite system under closed conditions[J]. The Journal of Physical Chemistry, 1988, 92(17): 4831-4835.

[75] RÁBAI G, BECK M T. Exotic kinetic phenomena and their chemical explanation in the iodate-sulfite-thiosulfate system[J]. The Journal of Physical Chemistry, 1988, 92(10): 2804-2807.

[76] RÁBAI G, NAGY Z V, BECK M T. Quantitative description of the

oscillatory behavior of the iodate-sulfite-thiourea system in CSTR[J]. Reaction Kinetics and Catalysis Letters,1987,33(1):23-29.

[77] LIU H M,XIE J X,YUAN L,et al. Temperature oscillations, complex oscillations, and elimination of extraordinary temperature sensitivity in the iodate-sulfite-thiosulfate flow system[J]. The Journal of Physical Chemistry A,2009,113(42):11295-11300.

[78] LIU H M,HORVÁTH A K,ZHAO Y M,et al. A rate law model for the explanation of complex pH oscillations in the thiourea-iodate-sulfite flow system[J]. Physical Chemistry Chemical Physics,2012,14(4):1502-1506.

[79] RÁBAI G,HANAZAKI I. Chaotic pH oscillations in the hydrogen peroxide-thiosulfate-sulfite flow system [J]. The Journal of Physical Chemistry A,1999,103(36):7268-7273.

[80] BURGER M,FIELD R J. A new chemical oscillator containing neither metal nor oxyhalogen ions[J]. Nature,1984,307(5953):720-721.

[81] RESCH P,FIELD R J,SCHNEIDER F W. The methylene blue-sulfide (HS-)-oxygen oscillator: mechanistic proposal and periodic perturbation [J]. The Journal of Physical Chemistry,1989,93(7):2783-2791.

[82] RESCH P,FIELD R J,SCHNEIDER F W,et al. Reduction of methylene blue by sulfide ion in the presence and absence of oxygen: simulation of the methylene blue-O_2-HS^- CSTR oscillations [J]. The Journal of Physical Chemistry,1989,93(25):8181-8186.

[83] RÁBAI G,HANAZAKI I. pH oscillations in the bromate-sulfite-marble semibatch and flow systems[J]. The Journal of Physical Chemistry,1996, 100(25):10615-10619.

[84] RÁBAI G,KAMINAGA A,HANAZAKI I. Mechanism of the oscillatory bromate oxidation of sulfite and ferrocyanide in a CSTR[J]. The Journal of Physical Chemistry,1996,100(40):16441-16442.

[85] RÁBAI G. Period-doubling route to chaos in the hydrogen peroxide-sulfur (Ⅳ)-hydrogen carbonate flow system [J]. The Journal of Physical Chemistry A,1997,101(38):7085-7089.

[86] EDBLOM E C,ORBÁN M,EPSTEIN I R. A new iodate oscillator: the Landolt reaction with ferrocyanide in a CSTR[J]. Journal of the American Chemical Society,1986,108(11):2826-2830.

[87] GASPAR V, SHOWALTER K. The oscillatory Landolt reaction.

Empirical rate law model and detailed mechanism[J]. Journal of the American Chemical Society,1987,109(16):4869-4876.

[88] EDBLOM E C, GYORGYI L, ORBÁN M, et al. Systematic design of chemical oscillators. 40. A mechanism for dynamical behavior in the Landolt reaction with ferrocyanide[J]. Journal of the American Chemical Society,1987,109(16):4876-4880.

[89] RÁBAI G, KAMINAGA A, HANAZAKI I. The role of the dushman reaction and the ferricyanide ion in the oscillatory $IO_3^- $-$SO_3^{2-}$-$Fe(CN)_6^{4-}$ reaction[J]. The Journal of Physical Chemistry,1995,99(24):9795-9800.

[90] EDBLOM E C, LUO Y, ORBÁN M, et al. Systematic design of chemical oscillators. 45. Kinetics and mechanism of the oscillatory bromate-sulfite-ferrocyanide reaction[J]. The Journal of Physical Chemistry,1989,93(7):2722-2727.

[91] KAMINAGA A, RÁBAI G, MORI Y, et al. Photoresponse of the ferrocyanide-bromate-sulfite chemical oscillator under flow conditions[J]. The Journal of Physical Chemistry,1996,100(22):9389-9394.

[92] RÁBAI G, KUSTIN K, EPSTEIN I R. A systematically designed pH oscillator: the hydrogen peroxide-sulfite-ferrocyanide reaction in a continuous-flow stirred tank reactor[J]. Journal of the American Chemical Society,1989,111(11):3870-3874.

[93] RÁBAI G, KUSTIN K, EPSTEIN I R. Systematic design of chemical oscillators. 57. Light-sensitive oscillations in the hydrogen peroxide oxidation of ferrocyanide[J]. Journal of the American Chemical Society,1989,111(21):8271-8273.

[94] MORI Y, HANAZAKI I. Primary photochemical processes of light-induced pH oscillation in the hexacyanoferrate(4-)-hydrogen peroxide system[J]. The Journal of Physical Chemistry,1992,96(22):9083-9087.

[95] MORI Y, HANAZAKI I. Bifurcation structure of the chemical oscillation in the hexacyanoferrate(4-)-hydrogen peroxide-sulfuric acid system[J]. The Journal of Physical Chemistry,1993,97(28):7375-7378.

[96] VANAG V K, MORI Y, HANAZAKI I. Photoinduced pH oscillations in the hydrogen peroxide-sulfite-ferrocyanide system in the presence of bromocresol purple in a continuous-flow stirred tank reactor[J]. The Journal of Physical Chemistry,1994,98(34):8392-8395.

参 考 文 献

[97] RÁBAI G, HANAZAKI I. Light-induced route to chaos in the H_2O_2-HSO_3^--HCO_3^--$Fe(CN)_6^{4-}$ flow system[J]. Journal of the American Chemical Society,1997,119(6):1458-1459.

[98] OKAZAKI N, RÁBAI G, HANAZAKI I. Discovery of novel bromate-sulfite pH oscillators with Mn^{2+} or MnO_4^- as a negative-feedback species [J]. The Journal of Physical Chemistry A,1999,103(50):10915-10920.

[99] RÁBAI G, ORBÁN M. General model for the chlorite ion based chemical oscillators[J]. The Journal of Physical Chemistry, 1993, 97 (22): 5935-5939.

[100] HORVÁTH A K. Revised explanation of the pH oscillations in the iodate-thiosulfate-sulfite system[J]. The Journal of Physical Chemistry A,2008,112(17):3935-3942.

[101] EPSTEIN I R, POJMAN J A. An introduction to nonlinear chemical dynamics oscillations, waves, patterns and waves[M]. New York: Oxford University Press,1998:105-107.

[102] KAPRAL R, SHOWALTER K. Chemical waves and patterns[M]. Dordrecht: Springer Netherlands,1995.

[103] POJMAN J A, EPSTEIN I R. Convective effects on chemical waves. 1. Mechanisms and stability criteria [J]. The Journal of Physical Chemistry,1990,94(12):4966-4972.

[104] NAGYPAL I, BAZSA G, EPSTEIN I R. Gravity-induced anisotropies in chemical waves[J]. Journal of the American Chemical Society,1986,108 (13):3635-3640.

[105] ZHIVONITKO V V, KOPTYUG I V, SAGDEEV R Z. Temperature changes visualization during chemical wave propagation[J]. The Journal of Physical Chemistry A,2007,111(20):4122-4124.

[106] CHINAKE C R, SIMOYI R H. Fingering patterns and other interesting dynamics in the chemical waves generated by the chlorite-thiourea reaction [J]. The Journal of Physical Chemistry, 1994, 98 (15): 4012-4019.

[107] SIMOYI R H, MASERE J, MUZIMBARANDA C, et al. Travelling wave in the chlorite-thiourea reaction[J]. International Journal of Chemical Kinetics,1991,23(5):419-429.

[108] MARTINCIGH B S, CHINAKE C R, HOWES T, et al. Self-organization

with traveling waves:a case for a convective torus[J]. Physical Review E,1997,55(6):7299-7303.

[109] UDOVICHENKO V V,STRIZHAK P E,TOTH A,et al. Temporal and spatial organization of chemical and hydrodynamic processes. The system Pb^{2+}-chlorite-thiourea[J]. The Journal of Physical Chemistry A,2008,112(20):4584-4592.

[110] FUENTES M,KUPERMAN M N,DE KEPPER P. Propagation and interaction of cellular fronts in a closed system[J]. The Journal of Physical Chemistry A,2001,105(27):6769-6774.

[111] HORVÁTH D, TÓTH Á. Diffusion-driven front instabilities in the chlorite-tetrathionate reaction[J]. The Journal of Chemical Physics,1998,108(4):1447-1451.

[112] TÓTH Á, LAGZI I, HORVÁTH D. Pattern formation in reaction-diffusion systems: cellular acidity fronts[J]. The Journal of Physical Chemistry,1996,100(36):14837-14839.

[113] TÓTH Á,HORVÁTH D,SISKA A. Velocity of propagation in reaction-diffusion fronts of the chlorite-tetrathionate reaction[J]. Journal of the Chemical Society,Faraday Transactions,1997,93(1):73-76.

[114] HORVÁTH D, KIRICSI M, TÓTH Á. Lateral front instability in an open reaction-diffusion system[J]. Journal of the Chemical Society, Faraday Transactions,1998,94(9):1217-1219.

[115] VIRÁNYI Z, HORVÁTH D, TÓTH Á. Migration-driven instability in the chlorite-tetrathionate reaction[J]. The Journal of Physical Chemistry A,2006,110(10):3614-3618.

[116] HELE-SHAW H S. Flow of water[J]. Nature,1898,58(1509):520.

[117] GÉRARD T,TÓTH T,GROSFILS P,et al. Hot spots in density fingering of exothermic autocatalytic chemical fronts[J]. Physical Review E,Statistical, Nonlinear,and Soft Matter Physics,2012,86(1 Pt 2):016322.

[118] GARCÍA CASADO G, TOFALETTI L, MÜLLER D, et al. Rayleigh-Taylor instabilities in reaction-diffusion systems inside Hele-Shaw cell modified by the action of temperature[J]. The Journal of Chemical Physics,2007,126(11):114502.

[119] SCHUSZTER G,TÓTH T,HORVÁTH D,et al. Convective instabilities in horizontally propagating vertical chemical fronts[J]. Physical Review E,

Statistical, Nonlinear, and Soft Matter Physics, 2009, 79(1 Pt 2):016216.

[120] BOISSONADE J, DULOS E, GAUFFRE F, et al. Spatial bistability and waves in a reaction with acid autocatalysis[J]. Faraday Discussions, 2001 (120):353-361.

[121] BOISSONADE J, DE KEPPER P, GAUFFRE F, et al. Spatial bistability: a source of complex dynamics. From spatiotemporal reaction-diffusion patterns to chemomechanical structures[J]. Chaos, 2006, 16(3):037110.

[122] FUENTES M, KUPERMAN M N, BOISSONADE J, et al. Dynamical effects induced by long range activation in a nonequilibrium reaction-diffusion system[J]. Physical Review E, Statistical, Nonlinear, and Soft Matter Physics, 2002, 66(5 Pt 2):056205.

[123] STRIER D E, BOISSONADE J. Spatial bistability and excitability in the chlorite-tetrathionate reaction in cylindrical and conical geometries[J]. Physical Review E, Statistical, Nonlinear, and Soft Matter Physics, 2004, 70(1 Pt 2):016210.

[124] KERESZTESSY A, NAGY I P, BAZSA G, et al. Traveling waves in the iodate-sulfite and bromate-sulfite systems[J]. The Journal of Physical Chemistry, 1995, 99(15):5379-5384.

[125] POJMAN J A, KOMLÓSI A, NAGY I P. Double-diffusive convection in traveling waves in the iodate-sulfite system explained[J]. The Journal of Physical Chemistry, 1996, 100(40):16209-16212.

[126] NAGY I P, KERESZTESSY A, POJMAN J A. Periodic convection in the bromate-sulfite reaction: a "jumping" wave[J]. The Journal of Physical Chemistry, 1995, 99(15):5385-5388.

[127] VIRÁNYI Z, SZALAI I, BOISSONADE J, et al. Sustained spatiotemporal patterns in the bromate-sulfite reaction[J]. The Journal of Physical Chemistry A, 2007, 111(33):8090-8094.

[128] SZALAI I, DE KEPPER P. Spatial bistability, oscillations and excitability in the landolt reaction[J]. Physical Chemistry Chemical Physics, 2006, 8(9):1105.

[129] GAO Q Y, AN Y L, WANG J C. A transition from propagating fronts to target patterns in the hydrogen peroxide-sulfite-thiosulfate medium[J]. Physical Chemistry Chemical Physics, 2004, 6(23):5389-5395.

[130] GAO Q Y, XIE R Y. The transition from pH waves to iodine waves in the iodate/sulfite/thiosulfate reaction-diffusion system [J]. ChemPhysChem, 2008,9(8):1153-1157.

[131] LIU H M, POJMAN J A, ZHAO Y M, et al. Pattern formation in the iodate-sulfite-thiosulfate reaction-diffusion system [J]. Physical Chemistry Chemical Physics, 2012,14(1):131-137.

[132] WATZL M, MÜNSTER A F. Turing-like spatial patterns in a polyacrylamide-methylene blue-sulfide-oxygen system [J]. Chemical Physics Letters,1995,242(3):273-278.

[133] KURIN-CSÖRGEI K, ORBÁN M, ZHABOTINSKY A M, et al. On the nature of patterns arising during polymerization of acrylamide in the presence of the methylene blue-sulfide-oxygen oscillating reaction[J]. Chemical Physics Letters,1998,295(1/2):70-74.

[134] FECHER F, STRASSER P, EISWIRTH M, et al. Spatial entrainment of patterns during the polymerization of acrylamide in the presence of the methylene blue-sulfide chemical oscillator[J]. Chemical Physics Letters, 1999,313(1/2):205-210.

[135] STEINBOCK O, KASPER E, MÜLLER S C. Complex pattern formation in the polyacrylamide-methylene blue-oxygen reaction[J]. The Journal of Physical Chemistry A,1999,103(18):3442-3446.

[136] GE L, QI O Y, SWINNEY H L. Transitions in two-dimensional patterns in a ferrocyanide-iodate-sulfite reaction[J]. The Journal of Chemical Physics,1996,105(24):10830-10837.

[137] OUYANG Q, SWINNEY H L. Transition from a uniform state to hexagonal and striped Turing patterns[J]. Nature,1991,352(6336):610-612.

[138] OUYANG Q, NOSZTICZIUS Z, SWINNEY H L. Spatial bistability of two-dimensional Turing patterns in a reaction-diffusion system[J]. The Journal of Physical Chemistry,1992,96(16):6773-6776.

[139] RUDOVICS B, DULOS E, DE KEPPER P. Standard and nonstandard Turing patterns and waves in the CIMA reaction[J]. Physica Scripta, 1996,T67:43-50.

[140] DULOS E, DAVIES P, RUDOVICS B, et al. From quasi-2D to 3D Turing patterns in ramped systems [J]. Physica D: Nonlinear

Phenomena,1996,98(1):53-66.

[141] DE KEPPER P, DULOS E, BOISSONADE J, et al. Reaction-diffusion patterns in confined chemical systems[J]. Journal of Statistical Physics, 2000,101(1):495-508.

[142] PERRAUD J, DE W A, DULOS E, et al. One-dimensional "spirals": novel asynchronous chemical wave sources[J]. Physical Review Letters, 1993,71(8):1272-1275.

[143] DE KEPPER P, PERRAUD J J, RUDOVICS B, et al. Experimental study of stationary Turing patterns and their interaction with traveling waves in a chemical system[J]. International Journal of Bifurcation and Chaos, 1994,4(5):1215-1231.

[144] DAVIES P W, BLANCHEDEAU P, DULOS E, et al. Dividing blobs, chemical flowers, and patterned islands in a reaction-diffusion system [J]. The Journal of Physical Chemistry A,1998,102(43):8236-8244.

[145] VIGIL R D, OUYANG Q, SWINNEY H L. Turing patterns in a simple gel reactor[J]. Physica A: Statistical Mechanics and its Applications, 1992,188(1/2/3):17-25.

[146] ASAKURA K, KONISHI R, NAKATANI T, et al. Turing pattern formation by the CIMA reaction in a chemical system consisting of quaternary alkyl ammonium cationic groups[J]. The Journal of Physical Chemistry B,2011,115(14):3959-3963.

[147] DOLNIK M, BERENSTEIN I, ZHABOTINSKY A M, et al. Spatial periodic forcing of Turing structures[J]. Physical Review Letters,2001, 87(23):238301.

[148] BERENSTEIN I, YANG L F, DOLNIK M, et al. Superlattice Turing structures in a photosensitive reaction-diffusion system[J]. Physical Review Letters,2003,91(5):058302.

[149] MÍGUEZ D G, PÉREZ-VILLAR V, MUÑUZURI A P. Turing instability controlled by spatiotemporal imposed dynamics[J]. Physical Review E, Statistical, Nonlinear, and Soft Matter Physics,2005,71(6 Pt 2):066217.

[150] LENGYEL I, EPSTEIN I R. Modeling of Turing structures in the chlorite-iodide-malonic acid-starch reaction system[J]. Science,1991,251 (4994):650-652.

[151] RUDOVICS B, BARILLOT E, DAVIES P W, et al. Experimental studies and quantitative modeling of Turing patterns in the (chlorine dioxide, iodine, malonic acid) reaction[J]. The Journal of Physical Chemistry A, 1999, 103(12):1790-1800.

[152] BLANCHEDEAU P, BOISSONADE J. Resolving an experimental paradox in open spatial reactors: the role of spatial bistability[J]. Physical Review Letters, 1998, 81(22):5007-5010.

[153] HORVÁTH J, SZALAI I, DE KEPPER P. An experimental design method leading to chemical Turing patterns[J]. Science, 2009, 324(5928):772-775.

[154] HORVÁTH J, SZALAI I, DE KEPPER P. Pattern formation in the thiourea-iodate-sulfite system: spatial bistability, waves, and stationary patterns[J]. Physica D: Nonlinear Phenomena, 2010, 239(11):776-784.

[155] SZALAI I, HORVÁTH J, TAKÁCS N, et al. Sustained self-organizing pH patterns in hydrogen peroxide driven aqueous redox systems[J]. Physical Chemistry Chemical Physics, 2011, 13(45):20228-20234.

[156] SZALAI I, CUIÑAS D, TAKÁCS N, et al. Chemical morphogenesis: recent experimental advances in reaction-diffusion system design and control[J]. Interface Focus, 2012, 2(4):417-432.

[157] DE KEPPER P, SZALAI I. An effective design method to produce stationary chemical reaction-diffusion patterns[J]. Communications on Pure & Applied Analysis, 2012, 11(1):189-207.

[158] GLASS L, MACKEY M C. From clocks to chaos: the rhythms of life[M]. Princeton: Princeton University Press, 1988.

[159] GOLDBETER A, KEIZER J. Biochemical oscillations and cellular rhythms: the molecular bases of periodic and chaotic behaviour[J]. Physics Today, 1998, 51(3):86.

[160] VARGA D, HORVÁTH A K, NAGYPÁL I. Unexpected formation of higher polythionates in the oxidation of thiosulfate by hypochlorous acid in a slightly acidic medium[J]. The Journal of Physical Chemistry B, 2006, 110(6):2467-2470.

[161] GIANNOS S A, DINH S M, BERNER B. Temporally controlled drug delivery systems: coupling of pH oscillators with membrane diffusion[J]. Journal of Pharmaceutical Sciences, 1995, 84(5):539-543.

[162] OHMORI T, YU W F, YAMAMOTO T, et al. On enzymatic pH oscillations in CSTR with outlet regulator[J]. Chemical Physics Letters, 2005, 407(1/2/3): 48-52.

[163] LIEDL T, SOBEY T L, SIMMEL F C. DNA-based nanodevices[J]. Nano Today, 2007, 2(2): 36-41.

[164] GOODWIN B C. Oscillatory behavior in enzymatic control processes[J]. Advances in Enzyme Regulation, 1965, 3: 425-437.

[165] DANØ S, SØRENSEN P G, HYNNE F. Sustained oscillations in living cells[J]. Nature, 1999, 402(6759): 320-322.

[166] KAR S, SHANKAR RAY D. Sustained simultaneous glycolytic and insulin oscillations in β-cells[J]. Journal of Theoretical Biology, 2005, 237(1): 58-66.

[167] HESS B, HAECKEL R, BRAND K. FDP-activation of yeast pyruvate kinase[J]. Biochemical and Biophysical Research Communications, 1966, 24(6): 824-831.

[168] YOSHIDA Y, TSUCHIYA R, MATSUMOTO N, et al. Ca^{2+}-dependent induction of intracellular Ca^{2+} oscillation in hippocampal astrocytes during metabotropic glutamate receptor activation[J]. Journal of Pharmacological Sciences, 2005, 97(2): 212-218.

[169] HAROOTUNIAN A T, KAO J P, PARANJAPE S, et al. Generation of calcium oscillations in fibroblasts by positive feedback between calcium and IP_3[J]. Science, 1991, 251(4989): 75-78.

[170] MAHOWALD M W, SCHENCK C H. Insights from studying human sleep disorders[J]. Nature, 2005, 437(7063): 1279-1285.

[171] HAUSER M J, STRICH A, BAKOS R, et al. pH oscillations in the hemin-hydrogen peroxide-sulfite reaction[J]. Faraday Discussions, 2001(120): 229-236.

[172] KURIN-CSÖRGEI K, EPSTEIN I R, ORBÁN M. Systematic design of chemical oscillators using complexation and precipitation equilibria[J]. Nature, 2005, 433(7022): 139-142.

[173] KURIN-CSÖRGEI K, EPSTEIN I R, ORBÁN M. Periodic pulses of calcium ions in a chemical system[J]. The Journal of Physical Chemistry A, 2006, 110(24): 7588-7592.

[174] MOLNÁR I, KURIN-CSÖRGEI K, ORBÁN M, et al. Generation of

spatiotemporal calcium patterns by coupling a pH-oscillator to a complexation equilibrium[J]. Chemical Communications, 2014, 50(32): 4158-4160.

[175] HORVÁTH V, KURIN-CSÖRGEI K, EPSTEIN I R, et al. Oscillations in the concentration of fluoride ions induced by a pH oscillator[J]. The Journal of Physical Chemistry A, 2008, 112(18): 4271-4276.

[176] KOVACS K, LEDA M, VANAG V K, et al. Small-amplitude and mixed-mode pH oscillations in the bromate-sulfite-ferrocyanide-aluminum(Ⅲ) system[J]. The Journal of Physical Chemistry A, 2009, 113(1): 146-156.

[177] KUKSENOK O, YASHIN V V, BALAZS A C. Mechanically induced chemical oscillations and motion in responsive gels[J]. Soft Matter, 2007, 3(9): 1138.

[178] TERRIER F, CHATROUSSE A P, MILLOT F. Concurrent methoxide ion attack at the 5- and 7-carbons of 4-nitrobenzofurazan and 4-nitrobenzofuroxan. A kinetic study in methanol[J]. The Journal of Organic Chemistry, 1980, 45(13): 2666-2672.

[179] LABROT V, DE KEPPER P, BOISSONADE J, et al. Wave patterns driven by chemomechanical instabilities in responsive gels[J]. The Journal of Physical Chemistry B, 2005, 109(46): 21476-21480.

[180] YANG L F, ZHABOTINSKY A M, EPSTEIN I R. Stable squares and other oscillatory Turing patterns in a reaction-diffusion model[J]. Physical Review Letters, 2004, 92(19): 198303.

[181] RÁBAI G. pH-oscillations in a closed chemical system of $CaSO_3$-H_2O_2-HCO_3^-[J]. Physical Chemistry Chemical Physics, 2011, 13(30): 13604-13606.

[182] POROS E, HORVÁTH V, KURIN-CSÖRGEI K, et al. Generation of pH-oscillations in closed chemical systems: method and applications[J]. Journal of the American Chemical Society, 2011, 133(18): 7174-7179.

[183] LU X J, REN L, GAO Q Y, et al. Photophobic and phototropic movement of a self-oscillating gel[J]. Chemical Communications, 2013, 49(70): 7690-7692.

[184] EDBLOM E C, LUO Y, ORBÁN M, et al. Systematic design of chemical oscillators. 45. Kinetics and mechanism of the oscillatory bromate-sulfite-ferrocyanide reaction[J]. The Journal of Physical Chemistry,

1989,93(7):2722-2727.

[185] RÁBAI G,KUSTIN K,EPSTEIN I R. A systematically designed pH oscillator: the hydrogen peroxide-sulfite-ferrocyanide reaction in a continuous-flow stirred tank reactor[J]. Journal of the American Chemical Society,1989,111(11):3870-3874.

[186] RÁBAI G,BECK M T. Oxidation of thiourea by iodate:a new type of oligo-oscillatory reaction[J]. Journal of the Chemical Society,1985(8): 1669-1672.

[187] ALAMGIR M,EPSTEIN I R. Complex dynamical behavior in a new chemical oscillator: the chlorite-thiourea reaction in a CSTR[J]. International Journal of Chemical Kinetics,1985,17(4):429-439.

[188] HORVÁTH J,SZALAI I,DE KEPPER P. An experimental design method leading to chemical Turing patterns[J]. Science, 2009, 324 (5928):772-775.

[189] MARSHALL H. The dissociation of the compound of iodine and thiourea[J]. Proceedings of the Royal Society of Edinburgh, 1904, 24: 233-239.

[190] GAO Q Y,WANG G P,SUN Y Y,et al. Simultaneous tracking of sulfur species in the oxidation of thiourea by hydrogen peroxide[J]. The Journal of Physical Chemistry A,2008,112(26):5771-5773.

[191] GAO Q Y,LIU B,LI L H,et al. Oxidation and decomposition kinetics of thiourea oxides[J]. The Journal of Physical Chemistry A,2007,111(5): 872-877.

[192] SAHU S,RANI SAHOO P,PATEL S,et al. Oxidation of thiourea and substituted thioureas:a review[J]. Journal of Sulfur Chemistry,2011,32 (2):171-197.

[193] RIO L G,MUNKLEY C G,STEDMAN G. Kinetic study of the stability of $(NH_2)_2CSSC(NH_2)_2^{2+}$[J]. Journal of the Chemical Society, Perkin Transactions 2,1996(2):159.

[194] KAMINAGA A,HANAZAKI I. Photo-induced excitability in the tris-(bipyridyl) ruthenium(II)-catalyzed minimal bromate oscillator[J]. Chemical Physics Letters,1997,278(1/2/3):16-20.

[195] KUHNERT L. A new optical photochemical memory device in a light-sensitive chemical active medium[J]. Nature,1986,319(6052):393-394.

[196] NAGAO R, EPSTEIN I R, DOLNIK M. Forcing of Turing patterns in the chlorine dioxide-iodine-malonic acid reaction with strong visible light[J]. The Journal of Physical Chemistry A, 2013, 117(38): 9120-9126.

[197] SZALAI I, DE KEPPER P. Turing patterns, spatial bistability, and front instabilities in a reaction-diffusion system[J]. The Journal of Physical Chemistry A, 2004, 108(25): 5315-5321.

[198] MOTOIKE I N, ADAMATZKY A. Three-valued logic gates in reaction-diffusion excitable media[J]. Chaos, Solitons & Fractals, 2005, 24(1): 107-114.

[199] RAMBIDI N G, SHAMAYAEV K E, PESHKOV G Y. Image processing using light-sensitive chemical waves[J]. Physics Letters A, 2002, 298(5/6): 375-382.

[200] STEINBOCK O, TÓTH A, SHOWALTER K. Navigating complex labyrinths: optimal paths from chemical waves[J]. Science, 1995, 267(5199): 868-871.

[201] RAMBIDI N G, SHAMAYAEV K E, PESHKOV G Y. Image processing using light-sensitive chemical waves[J]. Physics Letters A, 2002, 298(5/6): 375-382.

[202] KAMINAGA A, VANAG V K, EPSTEIN I R. A reaction-diffusion memory device[J]. Angewandte Chemie International Edition, 2006, 45(19): 3087-3089.

[203] POLSTER J, MAUSER H. Kinetic analysis of quasilinear photoreactions by transformed absorbance-time equations[J]. Journal of Photochemistry and Photobiology A: Chemistry, 1988, 43(2): 109-118.

[204] HANAZAKI I. Cross section of light-induced inhibition and induction of chemical oscillations[J]. The Journal of Physical Chemistry, 1992, 96(13): 5652-5657.